生也无涯

南极行思录

朱山 著

于地老天荒，始见宇宙浩瀚
于世界尽头，领略英雄之气
于广漠冰原，感知人性温暖
于无限时空，叩问生命意义

人民邮电出版社

北 京

图书在版编目（CIP）数据

生也无涯：南极行思录 / 朱山著. -- 北京：人民
邮电出版社，2023.3（2024.5重印）
　ISBN 978-7-115-59953-7

　Ⅰ．①生… Ⅱ．①朱… Ⅲ．①南极－科学考察 Ⅳ.
①N816.61

中国国家版本馆CIP数据核字（2023）第016908号

内 容 提 要

　　本书作者随队全程参加中国第 32 次南极科考，乘着雪龙号极地科考船，从长江口一路南
下直抵南极，并逆时针沿着南极大陆航行，在高纬度环绕地球一圈，多次穿越西风带，经过麦
哲伦海峡，深入南极罗斯海，到访南极中山站、长城站等 10 多个各国科考站，历时 158 天、
航程 30387 海里。

　　全书以行记的笔法和大量珍贵精美的照片，原汁原味地呈现了地球尽头纯洁旷远、静穆
庄严的极致景象，亲历共情地讲述了探索极限的南极人的动人故事、情怀气质，以及人在极地
特殊环境下，对宇宙时空、对天地自然、对生命存在的思考与叩问。

◆ 著　　　　朱　山

　　责任编辑　刘禹吟

　　责任印制　焦志炜

◆ 人民邮电出版社出版发行　　北京市丰台区成寿寺路 11 号

　　邮编　100164　电子邮件　315@ptpress.com.cn

　　网址　http://www.ptpress.com.cn

　　北京九天鸿程印刷有限责任公司印刷

◆ 开本：700×1000　1/16

　　印张：23.75　　　　　　　　2023 年 3 月第 1 版

　　字数：270 千字　　　　　　2024 年 5 月北京第 2 次印刷

定价：99.00 元

读者服务热线：(010)81055410　印装质量热线：(010)81055316
反盗版热线：(010)81055315
广告经营许可证：京东市监广登字 20170147 号

代序·我的几段南极记忆

　　作为从 1989 年开始就把南极考察工作当成职业的人，翻开南极考察队友朱基钗的《生也无涯：南极行思录》，我还是刹那间梦回南极，思绪如滚滚长江水，一场场、一幕幕历历眼前，是南极，不是南极，还是南极……

　　那是 1989 年，我第一次赴南极工作。到达中山站后，我们立即投入夏季考察的物资卸运之中。那不是简单的搬搬运运、装装卸卸，我亲眼看到为了把极地号上的物资运到岸上，时间最长的一次卸货，小艇竟在海冰中曲折辗转了 17 个小时才安全靠岸。码头的作业也充满"游击战"的风格，仅有的吊车在码头卸了小艇，就马上返回站上再卸平板拖车。为了让码头边的吊车尽量够得着货物，吊车的支腿已经搭在海冰上了。不时有队员站在吊车远端的支腿上增加配重，以尽量减少扒箱作业，把超重的集装箱吊到岸上，然后再运到站上慢慢整理。

　　那一年的冬天，我被分工与几位队友合作，承担夏季来不及细致展开的中山站建筑内装修工程，从中学习了很多，经历了很多，也悟出了很多。记得那之后我接受一家媒体采访，临近结束，记者请我用一句话概括当时的中国南极考察，我脱口而出："中国的南极考察是一个农业国干了一个工业国才能干的事。"

　　那是 1996 年，还是在中山站。我第二次赴南极工作，为了赶在海冰还能确保安全的情况下出野外，我们到站第二天就骑着雪地摩托，去距离中山站约 30 公里的企鹅岛看帝企鹅。两辆雪地摩托行进在一望无际的海冰上，一遇减速或停车的空档，同行的队友就不停问我："路对吗？"我猜想他一定是担心离中山站越来越远，会不会不安全。几次反复问询，我有点不耐烦地回答："企鹅岛我闭着眼睛都不会走错。"

其实，我当时的思绪已经回到 6 年前。那是我忘不了的第一次南极越冬，1990 年 8 月，我骑着雪地摩托来到企鹅岛，第一次看到了帝企鹅：虽是极夜后的正午，但天地笼罩在灰蓝色中，远远看到一群帝企鹅挤成一团，最外圈的整整齐齐，把后背留给凛冽的寒风。那一刻，那方冰原上，它们是除了我们之外唯一的生命。我强烈感受到一种生命给予另一种生命的震撼！我的眼眶顿时充满泪水……随后的几个月里，我陪着当时一起越冬的老高先后去了 8 次企鹅岛。回国后，老高凭着拍摄南极帝企鹅的独家素材，完成了科教片《企鹅大帝》的制作，并拿到了 1992 年的金鸡奖最佳科教片奖。

从企鹅岛回来后，我们就投入各种繁忙的工作中。我第二次赴南极，是为了执行首次内陆冰盖考察任务。对于考察线路行进的方向，在最初两天的激烈讨论后，我行使队长的权力，决定把断面指向冰穹 A（Dome-A），这就是后来中山站到昆仑站的花杆编号字头定为 "DT" 的缘由，DT001 是南极冰盖中国断面的起点，也是建昆仑站梦开始的地方。

第三次去南极，还是在中山站。这年考察队的任务之一是完成中山站升级改造工程。2007 年 12 月 23 日凌晨 4 时许，我前往距离中山站 15 公里左右、在海冰中漂泊的雪龙号，受命将一台挖掘机接运到中山站。当牵引着挖掘机的车队行驶到距离岸边还有 800 米左右的地方时，冥冥中有种感觉，促使我做了个后来回想起来深感庆幸的决定：让带去的两台雪地车都挂住拖车，在前面牵引。按照这样的安排，车队慢慢走，我走在冰上负责观察、指挥。总重约 30 吨的拖车缓缓起步，车队还没走出 30 米，只见拖车一歪，右侧履带立了起来，冰洞与涌出的海水直击我的神经。海冰碎了！我撕心裂肺的声音出现在对讲机里："不好！海冰碎了！你们全速前进！千万别停！离岸越近越好！"只见两台雪地车黑烟一冒，生生把 30 吨的拖车拉出冰洞，向前猛冲。接着的景象，让我完全僵立在原地，只能拼命地重复那句指令。两台冒着黑烟的雪地车，拉着五花大绑般固定着挖掘机的拖车，每走出几十米就压碎一块海冰，向岸边冲进，就像帝企鹅走路一样，摇摆着在我的视野里越来越小……"报告秦领队，我们上岸了！"对讲机传出驾驶员的声音。我忘不了那天开车的老陈和老梁，此生难忘……

最后一次去南极是 2015 年，第 32 次南极科考队。这一次，科考队的任务一如既往地繁重。中山站—长城站—罗斯海新站—中山站，忆及此行真有点"春风得意马蹄疾，一日看尽长安花"的感觉。我最难忘的是 2015 年 12 月下旬的一天，我们乘坐的雪龙号已经从南美洲出发驶往罗斯海，下午我收到从北京打来的电话，大意是告诉我雪龙 2 号（其实那时还没正式命名）的详细设计通过了审批。放下电话，我很长时间没有缓过神来，再后来，我缓缓地把舱门锁上，打开音响，大声地、重复地放着《红旗颂》，激昂的乐声中，从新破冰船建议立项起，8 年间的人和事，纷纷乱乱地浮现在眼前……

当成为第 32 次南极科考队领队时，我已经在国内忙碌了 10 年，没再去过南极。这一次，我笃定地意识到这极有可能是我职业生涯的最后一次南极之旅。一路上，队友朱基钗经常问我一些问题，我总能感觉到他的与众不同，因为他似乎不需要宣贯性或是扫盲性的回答，而更像是在验证他内心已经有了的答案。对于他的一些提问，有时我也会担心他的独立思考可能走得有点远或是浪费时间，但我很快就意识到是自己多虑了，那正是他从事记者职业所养成的对客观性、准确性和事实背后的追求使然。

从南极回来后，各种忙碌中我们又有许多的交流。时隔6年，朱基钗的这本书，又让我重温了那一次南极考察的历程，勾起了我30多年极地工作生涯中一些忘不了的往事。我想，他把书名定为"生也无涯"，正是基于他内心的思考。我断定，我会把它放在案头上，因为看到它，我会想起很多很多。

中国第32次南极科考队领队　秦为稼

2022年6月21日（南极仲冬节）
于舟山浙江大学海洋学院

生也无涯：南极行思录

IV

CHINARE

写在前面的话·
一段激荡的生命之流

中国人爱用流水形容生命的时光，"逝者如斯夫，不舍昼夜"。人乘时光之流，仰观俯察，于人世间、自然万物、宇宙天地，耳所得之、目所遇之、情所感之、意所识之，而成时光的生命。因此，少时壮游，必"决然舍去，求天下奇闻壮观，以知天地之广大"。

从这个意义上讲，我是十分幸运的，由于职业机缘，在青年之时，有过这样一段"壮游"：2015 年 11 月 7 日至 2016 年 4 月 12 日，作为一名随队记者，参加中国第 32 次南极科学考察队，乘雪龙号极地科考船，沿着浩瀚大洋一路向南，到达地球最南端的南极，并逆时针环绕南极大陆航行一圈，历时 158 天，总航程 3 万多海里。这段深嵌入生命的经历，犹如长河流经冲决夺隘的一程，奔猛怒号的深切回响，塑造着此后的流程。

回归之后，每于"不舍昼夜"的忙碌中有些许抽离，每同极地圈的好友相逢畅谈，思绪总会飞回那亘古的冰雪荒原，那漫无尽头的浮冰涌浪，那自由自在的万物生灵，慨想"我欲因之梦吴越，一夜飞度镜湖月"……像是迟早要还的欠债，我深知：必须要把这段激荡的生命之流定格下来。

在亲友催促鼓励下，我把当年采访报道的一些资料进行整理，除补充相关历史脉络、背景资料，本书主体部分是当时这段行程中，我在新媒体平台开设的"直到世界尽头"专栏实时更新的内容。此外，还有不少当时记录下来、没有发表的内容。

这些内容，原汁原味地呈现了一个不到而立的青年人，在前往地球尽头行程中的真实生命体悟。当然，诉诸笔端的这些文字，远不能再现这段生命所遇的全景；镜头捕捉的这些照片，也只是这段生命所见的一瞥。

感恩，南极不负我。希望，我不负南极。

目录
CONTENTS

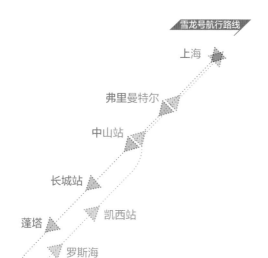

雪龙号航行路线

上海

弗里曼特尔

中山站

长城站

凯西站

蓬塔

罗斯海

03 南极！南极！

06 南极行思录

01

因为，它就在那里

人类探索南极的故事，是一部关于雄心的史诗。对于未知的好奇、向险而行的勇气、义无反顾的抉择乃至悲壮的毁灭，都深刻诠释了在不可战胜的强大自然面前，人的尊严、人的精神、人的力量。

南极之"极" 01

南极之"极"，不仅是人类意义上的难以抵达之极，
也是地球意义上的真正之极。

南极洲

南极，地球上最后一块被人类发现的大陆。南极大陆及其周围岛屿总面积约为 1400 万平方公里，大致为我国陆地面积的 1.46 倍。如果从太空中观察，无论是从地球自转的赤道面，还是从绕太阳公转的黄道面，这块孤垂于地球底端、被广阔水域所阻绝的大陆，都是一个难以抵达的所在。

南极之"极"，不仅是人类意义上的难以抵达之极，也是地球意义上的真正之极。

高极——南极大陆平均海拔 2350 米，是地球上海拔最高大陆，95%以上面积常年被冰雪覆盖，冰盖平均厚度约 2160 米，最大厚度达 4776 米。

寒极——南极大陆年平均气温零下 28℃左右，1983 年苏联东方站曾测得零下 89.2℃的极低温。

风极——被称为"暴风雪的故乡"。由于南极大陆是中部隆起、向四周倾斜的高原，在低温作用下，强冷空气从南极内陆高处，沿着高原光滑表面向四周俯冲下来，形成强劲的下降风。这里的年平均风速达 19.4 米 / 秒（相当于 8 级大风），曾观测到最大风速 100 米 / 秒（相当于 12 级飓风的 3 倍）。

旱极——最干燥的大陆，有"白色沙漠"之称。年平均降水量约 55 毫米，在南纬 80 度以南地区年平均降水量几乎为 0。

"储水"之极——冰雪总储量是全球冰雪总储量的 90%，全球将近四分之三的淡水在南极以冰雪形式存在。如果南极冰盖全部融化，全球平均海平面将升高 60 米。

"荒芜"之极——这是相对的。南极大陆是历史上唯一没有人类定居的原生大陆，其自然环境受人为影响很小。没有陆生的脊椎动物，昆虫是最高级的土著动物。在南极大陆的沿海地区，企鹅、海豹、贼鸥和海燕等数量很多，但它们大部分时间是在海上活动和摄食，陆缘只是它们暂时栖息和繁殖之地。

…………

正是因此，南极不仅成为探险家的圣地，也成为科学家的实验室。在这里，可以通过冰川、深冰芯、古生物学等研究，揭示数百万年间的地球气候信息，可以借助这里"类太空"的气象物理环境和富集的陨石资源等，探寻宇宙起源和天体运行的奥秘。

真正的失败者是 02
那些怯于尝试的人

"壮丽的毁灭,虽死犹生,失败中会产生攀登
无限高峰的意志。"

在浩渺的宇宙时间中,地球陆海板块的演变生成,真可谓沧海桑田;在漫长的地质时间中,人类文明的诞生发展,也不过转眼一瞬。

生而有涯,而知无涯。尽管如此,人类对未知世界的探索从未停止,这或许正是人类存在与进步的理由。

揭开"南方大陆"的面纱

早在古希腊时期,亚里士多德就提出一个假说,地球要保持相对平衡,南北两端必须各有一块陆地,而且可能是南重北轻,否则这个球状体的世界就会翻来倒去。公元 2 世纪,托勒密绘制出一幅极富想象力的地图,在这幅地图中画了一块地球底部的大陆,把它叫作"未知的南方大陆"。

这块"未知的南方大陆"被"实证"则要到 15 世纪之后。

随着帆船制造业和航海技术的突破,大航海时代的大幕拉开。这个星球的一个个未知疆界被纳入人类认知的版图,尤其是哥伦布对美洲新大陆的发现,人类探索"未知的南方大陆"的激情被再次点燃。

　　1520 年，麦哲伦率领探险船队发现了南美洲大陆最南端的火地岛，以为火地岛就是"未知的南方大陆"。1578 年，英国人德雷克的船队穿过麦哲伦海峡，遇上强风暴，船队被向南推移了 5 度左右。这才发现，火地岛不是"未知的南方大陆"的一个海角，而是一个海岛。在它的南边，还有一片未知的汪洋大海。后来，人们把位于火地岛与南极大陆之间的海峡称为德雷克海峡。

　　1772 年至 1775 年，英国航海家库克率领两艘独桅帆船完成了一次南半球的大洋环球航行。在这次环球航行中，他三次穿过南极圈，一度航行到距离南极大陆只有200公里的地方，却因遇到巨大冰障而被迫返航，与伟大发现擦肩而过。他在归航日志中写道："我比以前的任何航海家向南考察得都要远，并一直到达人类可能到达的最后的界线了……"

在库克做出断言不到半个世纪之后，1821年1月，俄国人别林斯高晋率领的探险船队在南纬68度29分、西经75度40分处发现了一片地势很高的陆地和一个高耸的海角，并将其命名为亚历山大一世地。后来证实，亚历山大一世地原来是一个与南极大陆直接毗连的大岛，这说明俄国人当时已经到达了距离南极大陆相当近的地方。如今，亚历山大一世岛附近的海域被命名为别林斯高晋海。

1821年2月，别林斯高晋在向北航行中，在南极半岛南设得兰群岛附近遇到美国捕鲸船船长帕尔默，从而引发了一场是俄国人还是美国人先发现南极大陆的旷日持久争论。英国人也说南极大陆的发现者是他们：1819年2月，英国的海豹捕猎者史密斯船长发现了南设得兰群岛的利文斯顿岛，其后宣布该岛属于英国。

到底谁是第一个发现南极大陆的人？如今仍莫衷一是。事实上，偌大的南极大陆，就像一个拼图，许多探险者用一块块拼板，从不同方向和角度完成了这个拼图。

1831年，英国人比斯科在南极圈附近的海区发现一个地势很高的"岛屿"——"恩德比岛"，实际上这个"岛屿"后被证实是南极大陆的一个突出部分——恩德比地；

1839年，法国人迪维尔在东经140度附近发现了阿德利海岸，并采集了岩石标本；

1840 年，美国人威尔克斯在沿东南极洲海岸长达 2300 公里的航程中多次发现了海岸、山脉，如今东经 100 度 26 分至 142 度 05 分、南纬 66 度至 70 度之间的广大陆地，被命名为威尔克斯地；

1841 年，英国人罗斯先后发现维多利亚地及深入大陆内部的南极洲第二大海——罗斯海；

⋯⋯⋯⋯⋯

就这样，"未知的南方大陆"的神秘面纱被一点点揭开。诚然，寻找未知大陆的背后有种种不同的动机，然而一代代探险者远渡重洋的勇气，彰显了人类探索未知和不畏艰险的意志。

悲壮的英雄角逐

在探索南极的过程中，探险家们的注意力纷纷转向南极点。他们都深知，首次抵达这个星球最南端的原点，必将是载入史册的时刻。

在这场伟大的角逐中，挪威人阿蒙森与英国人斯科特的不期而遇，留下深具悲壮色彩的一幕。

英国人沙克尔顿——斯科特曾经的手下，率先为这场角逐奏响序章。

1907 年 12 月初，沙克尔顿率领 "好猎手号" 驶离英格兰，于 1908 年 1 月进入罗斯海的罗伊兹角（我在南极期间，曾随雪龙号抵达罗斯海，同 3 名队友有幸造访了沙克尔顿当年建造的小屋），在此卸货建基地，准备挺进南极点。

1908 年 10 月 29 日，沙克尔顿率队出发，沿东经 168 度南下。1909 年

1 月 9 日，沙克尔顿到达南纬 88 度 23 分，距离南极点只有 178 公里的地方，胜利在望。但猛烈的暴风雪刮得他们晕头转向，加上饥饿、寒冷和高原反应，个个精疲力竭。沙克尔顿意识到，即使硬撑到底，回程也可能因食物匮乏和体力不支而中途殒命，所以决定折返。他们虽没到达南极点，但找到了一条挺进南极点的路线。

沙克尔顿无限抵近南极点的消息传到挪威，让原本决定环北极航行的阿蒙森临时改变计划。1910 年 8 月，阿蒙森率领"费拉姆号"探险船从挪威启航。他在途中很快获悉，斯科特率领的探险队，也是以南极点为目标，早在两个月前就已出发。于是，他给斯科特发了一封"我正去南极"的简短电报，让这场探险一开始就带上了不宣而战的意味。

经过几个月艰难航行，1911 年 1 月 4 日，阿蒙森抵达罗斯海的鲸湾，在此卸货建立出发基地，以基地为依托，沿东经 163 度往南，在南纬 80 度、

81 度、82 度 3 个纬度上，每一纬度布设一个仓库。他们进行 10 个月的充分准备，熬过南极漫长的冬季。

1911 年 10 月 19 日，南极夏季到来之际，阿蒙森与其他 4 名探险队员，驾驭 90 只格陵兰狗拉的 5 架雪橇，开始向南极点挺进。由于准备充分，他们每天能行进 30 公里左右。1911 年 12 月 14 日，阿蒙森和队友们顺利抵达南极点。他们热烈欢呼，互相拥抱，把挪威国旗插在了南极点。他们停留了 3 天，进行了连续 24 小时的太阳位置观测，确定出南极点的位置，留下了一顶小帐篷和信。

斯科特的出发点在罗斯海的麦克默多海峡，比阿蒙森的出发基地距离南极点远 96 公里。1911 年 11 月 1 日，斯科特也踏上了征途。

阿蒙森（左一）和队友在南极点搭建的帐篷"极点之家"

从运载工具来看，相对于阿蒙森使用大量狗来拉雪橇，斯科特选择了西伯利亚矮种马和履带式拖拉机。刚出发不久，履带式拖拉机就变成了一堆废铁。随着继续前进，矮种马也日渐衰弱，速度非常缓慢，最后只能靠人力拖拉笨重的雪橇赶路。距南极点 250 公里时，斯科特决定让最后一部分支援人员返回，留下 5 人向南极点冲刺。

1912 年 1 月 17 日，当 5 人小队拖着蹒跚但满怀期待的步伐，行至距南极点不到几公里时，无垠的雪地上出现了一个黑点，他们的心情瞬间跌落冰点。斯科特看到了阿蒙森留下的信，为另一个人所完成的伟业作证，这是多么痛苦。

斯科特一行带着失望的心情踏上归途，他们的脚步从未如此沉重，心中的钢铁意志已被消解。雪上加霜的是，当他们返回基地时，天气变得越来越糟。半路上，因严寒、疲劳、饥饿和疾病折磨，2 个队友先后死去。当剩下的 3 人来到设在罗斯冰架上的储藏点时，他们发现煤油因油桶冻裂而流光了，没有燃料取暖煮食，这是致命的打击。

暴风雪异常凶猛，虽然距离下一个营地只有 17 公里，他们却无法离开帐篷。短短的距离，成了可望而不可即的目标。气温零下 40℃，燃料、食物告罄，所有希望都破灭了。他们爬进各自的睡袋，安静地等待死神来临。

斯科特的日记记录了他生命中最后的时光。凶猛的暴风雪击打着薄薄的帐篷，在宁静等待死亡的时刻，斯科特回想起与自己命运有关的一切。他写道："我不知道我算不算是一个伟大的发现者。但是我们的结局将证明，我们民族还没有丧失那种勇敢精神和忍耐力量。"他写给几年前刚结婚的妻子："关于这次远征的一切，我能告诉你什么呢？它比舒舒服服地

斯科特（右二）探险队在南极点

坐在家里不知要好多少！"

得知斯科特的故事，读到他日记中的文字，奥地利作家茨威格深为感动。他在著名的历史特写《南极探险的斗争》中，深情讴歌这位失败的英雄：

"壮丽的毁灭，虽死犹生，失败中会产生攀登无限高峰的意志。因为只有雄心壮志才会点燃起火热的心，去做那些获得成就和轻易成功是极为偶然的事。一个人虽然在同不可战胜的、占绝对优势的厄运的搏斗中毁灭了自己，但他的心灵却因此变得无比高尚。"

长城向南延伸 03

"他们以奋斗和拼搏强化了我们民族的意志，他们在自然和人类的面前显示着中国人的力量，他们凝聚和迸发出一种最高境界的精神力量，象征着全人类走向进步的信念。"

20 世纪中叶开始，人类对南极洲展开了大规模的考察活动。在国际地球物理年（1957 年 7 月—1958 年 12 月）期间，有 12 个国家在南极建立了 67 个考察站。到 20 世纪 80 年代，已有 18 个国家在南极建立了 40 多个常年科考站和 100 多个夏季科考站。

遥远的冰封大陆，期待着东方大国的身影。

500 多年后的第一次远征

1984 年，中国人精神史中颇有深意的年份。

在洛杉矶奥运会上，许海峰射落中国人在奥运会上的第一枚金牌，处于巅峰状态的中国女排也斩获金牌，"学习女排，振兴中华"喊出为中华崛起而拼搏的时代强音。

年底，《中华人民共和国政府和大不列颠及北爱尔兰联合王国政府关于香港问题的联合声明》正式签署，中国政府明确将于 1997 年 7 月 1 日对香港恢复行使主权。

同年，11 月 20 日上午 10 点整，万里长江入海口。

我国首次南极考察队准备出发（极地办资料图）

在轰鸣的汽笛声中，两艘大船缓缓驶出码头，向着地球的另一端进发。

这是郑和下西洋 500 多年后，中国人第一次大规模向浩瀚大洋远征——这，正是中国首次南极考察。

纵观上下五千年，开放或封闭，远征或内敛，总是与国运的兴衰成败紧密相连。

从张骞凿空到玄奘西行，从鉴真东渡到郑和七下西洋，中华民族并不缺乏开拓探索的基因。近代以来，封建统治者闭关锁国，中国在很长一段时间里被抛出历史进步潮流之外，封闭导致落后、落后就要挨打，留下极其惨痛的教训。

新中国成立，为中国南极考察奠定了根本前提。

早在 1957 年，竺可桢就以科学家的远见卓识提出：中国是一个大国，我们要研究极地。1964 年，国家海洋局成立，其一项重要职责就包括：组织将来的南、北极海洋考察工作。1977 年，国家海洋局明确"查清中国海，进军三大洋，登上南极洲"的规划目标。

1983 年 5 月 9 日，全国人大常委会审议通过中国加入《南极条约》的决议。同年 6 月 8 日，中国向《南极条约》保存国递交加入书，正式成为《南极条约》缔约国。

然而，这仅意味着拿到"入场券"。在《南极条约》体系中，缔约国

01 因为，
它就在那里

没有参与决策权，而成为协商国必须具备一个先决条件，即在南极建立一座科考站并进行过科学考察。

一段"苦咖啡"的经历，常被后人提及：

1983 年 9 月，我国政府派出由国家南极考察委员会办公室副主任郭琨等一行 3 人组成的代表团，出席在澳大利亚堪培拉举行的第 12 届南极条约协商会议。

首次出席国际南极会议，他们的喜悦心情很快被浇灭。郭琨回忆，当会议讨论到实质性内容时，会议主席拿起小木槌一敲："请非协商国的代表退出会场！到户外喝咖啡！""当时我们含着眼泪离开了会场。不在南极建立我们自己的考察站，我绝不会再参加这样的会议。"

1959 年 10 月 15 日，参加国际地球物理年考察活动的 12 个国家的代表，在美国华盛顿举行会议，经过磋商，签订了《南极条约》。经各国政府批准后，《南极条约》于 1961 年 6 月 23 日生效，明确了南极洲应仅用于和平目的，冻结领土所有权的主张，促进国际在科学方面的合作。

一年后，郭琨带领中国首次南极考察队把五星红旗插上了南极。

1984 年 11 月 20 日，上海黄浦江畔的国家海洋局东海分局码头，中国首次南极考察编队出征远航。编队由两船两队组成，包括向阳红 10 号极地考察船的 283 名考察队员，与海军 J121 号打捞救生船的 308 名海军官兵。

克服狂风巨浪和长途航行的艰险，经过 30 天、11171 海里的航行，中国考察编队于 12 月 26 日凌晨，缓缓驶入南极半岛乔治王岛的麦克斯维尔湾。

中国首次南极考察队登上南极乔治王岛（极地办资料图）

当地时间 1984 年 12 月 30 日 15 点 16 分，北京时间 1985 年 1 月 1 日 3 点 16 分，中国新的一年开启的时刻。两艘登陆艇"长城 1 号"和"长城 2 号"，载着 54 名考察队员，迎着风雪登上乔治王岛，五星红旗第一次在南极洲飘扬。

"当时我举着大旗，大家伙就跟着上去了，这是中华人民共和国在南极的第一面国旗！这时候，大家的心情非常激动，中国人终于踏上了南极的土地，梦圆乔治王岛！"郭琨在日记里这样写道。

在南极，时间就是生命。考察队能否抓住宝贵时间窗口，在严冬来临之前尽快完成建站任务，不仅关乎既定任务，更关乎生命安全。

建站队员在荒原上搭起帐篷，睡在阴冷潮湿的帐篷里，蹚进冰冷的海水，在呼啸的寒风中，不分昼夜连续作战，创造了震惊世界的中国速度：从登上乔治王岛到长城站全面建成，仅用了 45 天。

1985 年 2 月 20 日，正值农历乙丑牛年的大年初一。上午 10 点，长城站落成典礼在纷飞的雪花中举行，让这个牛年春节有了特殊意义。

当时的随队记者金涛这样写道："在这庄严时刻，我看见考察队员，科学家、船员和水手，军官和士兵心情激动，他们那被紫外线、严寒和

长城站落成典礼上考察队员的合影（极地办资料图）

海风灼伤变得黝黑粗糙的面庞热泪盈眶。为了这一天的到来，我们这个民族实在是期待了太久，太久……这是第一面升上南极洲的中国国旗啊！它见证了一个历史的时刻，也象征着南极历史揭开了新的一页。"

今天，当我们透过当年留下的珍贵影像，看到遥远地球尽头一张张坚毅的面庞，仍能感受到首闯南天的民族英雄们的内心力量。这些面孔，代表着一个生机勃发时代来临的气息，写照着一个古老民族向着广阔天地勇毅开拓的崭新气象。

"在自然和人类面前显示着中国人的力量"

长城站建在南极大陆边缘的一个小岛上，位于南极圈之外，并非真正意义上的南极。长城站建成不久，中国人开始了向南极腹地的进军。

1988 年 10 月 20 日，山东青岛胶州湾国家海洋局北海分局码头，116 名中国首次东南极考察队员乘坐极地号科考船，驶向遥远的茫茫海天，目的地是东南极大陆的拉斯曼丘陵。这也是中国第 5 次南极考察，核心任务是建立中山站。

极地号是抗冰船，并非破冰船，在高纬度冰海区航行面临着风险。随着进入极地浮冰区，意外发生了：大片浮冰向船体冲撞过来，极地号船头吃水线以下部位的钢板竟被撞破一个洞。"伤口"越撕越大，破洞逐渐发展成近1米见方的大小……

万幸的是，破洞所在的艏尖舱是密封的，海水灌入后不会进入其他舱位，不至于对船只安全构成大威胁。考察队做出决定：极地号带伤继续航行，同时加强监测监控。

当极地号终于闯过浮冰区，到达普里兹湾，一条10多海里宽、两三米厚的陆缘冰带阻挡了前路，用了各种方法都无济于事，极地号被困22天。

好不容易冰情有了变化，极地号乘机绕过冰山冰丘，到达距离登陆点400米处，准备卸运物资。就在这时，中国极地考察史上极其惊险的一幕发生了——

1989年1月14日22点35分，极地号左舷约0.8海里处的巨大冰盖发生特大冰崩。高耸的冰山轰然崩塌，海水被激起数十米高的巨浪，卷着楼房般大小的碎冰横冲直撞，迅速布满前后左右约10平方公里的海域，冰崩产生的爆炸声响彻普里兹湾上空。第一次冰崩后，又接连发生3次大冰崩。

执行过6个南极航次任务的极地号科考船（极地办资料图）

为防不测，考察队做出紧急情况下弃船保人的决定，并用直升机把一部分队员转移到陆地上。生死关头，队员们没有畏惧。许多被宣布离船上岸的队员找到考察队领导，要求自己留下、别人先走。全船人员各就各位，有的把贵重仪器搬到上层船舱，有的将公文要件装进密封包裹……

1月21日，变化莫测的南极海冰发生戏剧性变化。极地号前方的两座冰山因移动速度差异，中间出现一条狭窄水道，考察队果断决定让极地号从这条狭窄水道冒险冲出去，终于突围成功！

此时，考察队面临着建站时间所剩无几的严峻局面。为赶在普里兹湾冰封之前撤离，他们决定采取边卸运物资边建站的方式。一艘运输艇和两艘驳船在冰海之间不停驳运，站上施工争分夺秒，30多天不间断奋战，在南极再次创造了新的中国速度。

1989年2月26日下午3点，中山站落成典礼举行。多番曲折惊险，终于如期建成中山站，如何不让大家感慨万千？

中山站落成典礼（极地办资料图）

典礼上，考察队队长郭琨的一席话令队员们潸然泪下："全体队员凝聚着为国争光的巨大动力，一个思想一个目标，誓夺建站的胜利。从奠基到落成仅仅用了 32 天的时间，中山站在茫茫一片冰雪荒原的南极大陆上，神奇般地倔强昂扬地树立了起来，这一奇迹在我们中国人民的手里出现了。"

中山站的建成，标志着我国南极考察的中心从西南极转到东南极。此后，一批批中国科考队员正是以此为基地，一次次向南极内陆腹地的深处挺进。

回顾这些万险千难、九死一生的南极往事，更加深感历史如何在前人的肩膀上书写。

在建中山站的这次考察期间，拍摄了一部纪实电视剧《长城向南延伸》，通过真实记录此次考察过程，以还原中国首次南极考察的故事。

电视剧最后，有这样一段激荡人心的镜头。考察队队长乘直升机盘旋在长城站上空，向留下越冬的队员告别。透过舷窗，他看到队员们在洁白冰面上摆出的巨大红色"长城"字样。

此时，铿锵的画外音响起：

"请永远记住这群不畏艰险，以极大勇气面对惊涛骇浪、风雪严寒和死亡考验的南极英雄们吧！他们以奋斗和拼搏强化了我们民族的意志，他们在自然和人类的面前显示着中国人的力量，他们凝聚和迸发出一种最高境界的精神力量，象征着全人类走向进步的信念。它无可辩驳地证明，中华民族完全能够攀登科学的最高峰和走向世界的未来！"

02

直到世界尽头

从长江口到南极大陆，航程 12027 公里，纵「苇之所如，凌万顷之茫然。挥别「人类社会」，方知肝肠寸断的离别之感，沧海一粟的渺然之感，惊惧过后的崇高之感。远方的远，并非一无所有。

出发吧，
直到世界尽头

许多改变命运的决定，并非出自深思熟虑的抉择；许多铭记终生的瞬间，往往在意想不到的时刻降临。

2015 年 11 月 6 日

2015 年 11 月 6 日晚，准备出发的雪龙号停泊在位于长江入海口的中国极地考察国内基地码头

2015 年 11 月 6 日深夜，上海长江口，中国极地考察国内基地码头，我坐在中国唯一的一艘极地破冰船——雪龙号的 527 房间里，写下了这样一篇文章：

塞满沉重的两箱行李从北京来到上海，剪了 16 年以来的第一次寸头，与前来送别的妻子照了几张临行合影，在甲板上给家人打完告别电话……

此刻，万里长江入海口，两万多吨的雪龙号极地科考船，在夜色中显得威严而安静。明日，随着一声汽笛长鸣，它又将如这滔滔江水东入海般，投入茫茫大洋。

"雪龙"，多么蕴含深意的名字。它让我想起30多年前，中国首次南极考察以来，这个以龙为图腾的民族，对于那片冰雪世界的艰辛探索和不尽追寻；也让我想起500多年前，人类大航海时代开辟以来，那些熟悉的名字，那些茨威格笔下"到不朽的事业中寻求庇护"的人们。他说："只有雄心壮志才会点燃起火热的心，去做那些获得成就和轻易成功是极为偶然的事。"

9月份，刚刚出差去过"第三极"西藏，听到这么一个说法，因为海拔高的缘故，所以生活在那里的人们天生有一种对天空的向往；而同样，生活在茫茫草原的民族，向往的则是无尽的远方。

人总是受制于时空，又永远有突破时空的冲动。

有人说，世界这么大，要去看看。从这个意义上讲，作为一名新华社记者，能够跟随中国第32次南极科考队出征是无比幸运的。虽然作为文字记者的我，还要承担摄影特别是电视报道的任务，要经历人生第一次出海的晕船体验。然而当初主动报名去南极，绝对是义无反顾的选择。

在这里，要感谢新华社，以及我的前辈和同事们，这绝不是一句客套话。因为，值得自豪的是，过去的几十年来，在这条漫漫征程之上，几乎都留下了他们不可磨灭的身影。

从20世纪五六十年代第一个踏足北极点的新华社驻外记者，到1984年中国首次南极考察的随队记者，再到后来作为"职业成人礼"式前赴后继参加极地科考的一代代年轻记者，可以说把几代新华人的笔触、镜头串联起来，就是半部中国极地科考的历史。

是他们，给了我乘风破浪的力量。

在我临行前，去过南北极的同事崔静发来微信："这段旅程会有些无聊、有些艰辛，但有一天你会发现，今天你踏上的是人生中一段极其美妙的旅程。"去年刚刚去过南极的同事白阳也吐露真言，一个远离文明的隔离时空，是对人性的真正考验。

艰辛也好，无聊也罢，等到了人生回忆的时刻，所有的一切都将变得可爱。

那就出发吧，一路向南。

——历时 158 天，跨越 100 多个纬度，历经春夏秋冬，一次次穿越不同时区、穿越国际日期变更线，总航程 3 万多海里……

那就出发吧，直到世界尽头。

——前方是无穷无尽的碧海蓝天，是巨浪滔天的魔鬼西风带，是冰雪封锁的神奇大陆！

这篇《出发吧，直到世界尽头》成了我在新华社客户端上开设的新媒体专栏"直到世界尽头"开栏的话。事实上，我完全没有预想到它的到来。

为什么去南极？在此之前，我从没有设想过这个问题，对南极也所知甚少。然而，这就是人生的奇妙之处。许多改变命运的决定，并非出自深思熟虑的抉择；许多铭记终生的瞬间，往往在意想不到的时刻降临。

我踏上的是这样一场征程：中国第 32 次南极科学考察，国家海洋局邀请新华社派出一名记者全程随队报道。雪龙号将于 2015 年 11 月 7 日从上海港出发，一路向南前往南极，计划于 2016 年 4 月中旬返回，历时 158 天，总航程约 3 万海里。

在我之前，中国南极科学考察已经开展过了 31 次；在我之前，我同一单位同一部门的同事也有十多人踏足那片土地。现在，每年都有一个名额，我还年轻，家人支持，没有太多牵挂，这么难得的机会，我就主动报名了，但是并没有深入思考太多。

去南极，也意味着危险。出发前，所有队员都要签《极地考察队员回函（家属确认函）》，就是所谓的"生死状"，我让一位同事"代劳"了。《庄子·逍遥游》中说："适百里者，宿舂粮，适千里者，三月聚粮。"近半年、几万里的远行，我竟也没有太长时间去准备，从北京出发到上海的前一晚，我还在单位加班，晚上 10 点多回到家，连夜收拾行李，一个人拖着两个大箱子，赶一早的高铁去上海……

就这样，匆匆出发，匆匆开启了一场极地"逍遥游"，却不知这段"游乎无穷"的旅程将如何深刻地改变自己的人生。

挥手自兹去，02
孤蓬万里征

> 不知是因为巨大的声响，还是这离别的场面，这一次，真正感受到了
> 轮船汽笛令人肝肠寸断的力量。

2015 年 11 月 7 日 10 点左右，伴随着雪龙号的一声汽笛长鸣，中国第 32 次南极科学考察队踏上征程。

不知是因为巨大的声响，还是这离别的场面，这一次，真正感受到了轮船汽笛令人肝肠寸断的力量。我一下子从没有多大离别悲伤的朦胧状态中被震醒了。这回真的要走了，而且要走那么远。此刻起，即时通信不畅，不像在陆地上一个电话就可以随时联系上。这种感觉突然有点古人远行前的离别之感。挥手自兹去，孤蓬万里征！

2015 年 11 月 7 日，中国第 32 次南极科学考察队乘坐雪龙号破冰船从上海出发，绕南极洲一圈开展"一船四站"的考察工作，同时在南极试飞了我国首架极地固定翼飞机。

我在雪龙号 2 层甲板上，站在科考队领队秦为稼、副领队孙波旁边，船舷上很快就挤满了人。秦领队大力挥舞着"中国第三十二次南极科学考察队"的队旗，向码头上送行的人们告别。雪龙号拉响汽笛，主机开启，船侧身缓缓离开码头，然后慢慢调整船头方向，看过去视觉效果上觉得很慢，但不一会儿竟走了很远。

码头上是不断挥手的人群，我站的船舷一侧人越来越多，场面一时有点混乱。离岸边有点远了，有人建议大家一起大声喊"再见祖国，感谢亲人，明年再见"，记得大概喊了三声。出于职业本能，我想记录这个瞬间，右

手拿着单反相机不断按快门，一会儿又掏出手机拍摄视频，同时又不断挥舞着我自带的 A4 纸大小的"新华社客户端"小牌，不是打广告，而是为了便于妻子在一片红色科考队服中辨认出我来。

但是忙于手头工作，混乱之中，一不留神，我竟找不到妻子在哪里了，心里突然一紧。瞬间感觉到这种重大人生离别的时刻，个人被某种命运之流裹挟带走的不可控的恐惧感。那一瞬间让我想起了电影中生死离别的场面，上一次有这种感觉，还是 10 年前的那个黄昏，我背负行囊从福州火车站出发到北京上学，父亲送我上车，最后一刻透过窗口挥手告别的情景。我一转身，看到旁边的中国海洋报社女记者吴琼眼泪不断掉落。

"再见祖国，感谢亲人，明年再见！""再见祖国，感谢亲人，明年再见！"大家的齐声呼喊，第一次嘹亮，第二次明显声音弱了，带出了哽咽。此刻，我只有将眼睛对准单反相机的取景器，不断地去按快门抓住这些画面，同时也控制住自己的情绪。

离别情绪的酝酿终于在此刻达到极点。

我两天前就来上海了，参加 11 月 5 日在中国极地研究中心举行的行前新闻发布会，报道此次南极科考的相关新闻信息。会上碰到了新华社

码头上的人们向即将启航的雪龙号致意

上海分社记者张建松，她曾去过南极两次，对南极的激情和热爱令人钦佩。

会上了解到的基本情况是，第32次南极科考队与往年类似，全程为期约158天，不到半年时间，总航程约3万海里。这支远征的队伍由277名队员组成，来自全国80余家单位，既有国家海洋局极地考察办公室、中国极地研究中心等机构，也有中国科学院部分院所、国内多所大学，还有一些工程机械企业等，几乎涵盖了科研、管理、后勤支持等各种相关机构，教授、研究员、大学生、管理人员、气象预报员、医生、厨师、机械师，还包括新华社、中央电视台、中国海洋报社3家媒体随行记者，几乎你能想到的在一个独立封闭的世界里所有必要的角色都配备了，雪龙号不亚于一艘功能齐全的诺亚方舟。科考队员中年龄最大的61岁，是内陆科考队格罗夫山队的传奇机械师李金雁，最小的22岁，是雪龙号的年轻水手林予曦，队员们的平均年龄为36.9岁。

当然，我最关注的还是第32次南极科考队与以往不同的一些亮点。我们是非常幸运的，这是雪龙号又一次进行环南极大陆航行，走逆时针方向，去的地方比较多。具体的航程是：从上海港出发后，一路向南，从印度尼西亚穿越赤道，经澳大利亚西海岸，直插印度洋向南到达中山站。然后，从中山站开始，自东向西逆时针环绕南极大陆航行，到达南极半岛的长城站，然后穿越德雷克海峡到达智利蓬塔阿雷纳斯（简称蓬塔）港补给，再继续环行，前往太平洋最南部、号称南极最美海湾之一的罗斯海，最后回到中山站，完成科考任务后，再经由澳大利亚回国。同时，此次科考期间，我国首架极地固定翼飞机"雪鹰601"将首次在南极飞行，这将彻底改变我国极地考察没有固定翼飞机支持的历史，值得期待。

做完新闻报道，5日下午，我鼓起勇气去干了一件"人生大事"——在看望完我在复旦大学工作的同学之后，就在复旦旁边的一个小理发店，剪了上小学 5 年级以来的第一次寸头。古有蓄须明志，今我剃发出征。妻子也从出差所在的黄山赶来上海，与我会合，为我送别。

6 日早上，行前综合教育会在中国极地研究中心开展。会上，秦为稼领队介绍了此次南极科考的相关内容，特别是关于安全方面的注意事项。北京汇文第一小学的几位师生专程从北京赶来，他们带来了全校师生亲手叠制的 1300 多颗纸星星，代表着对科考队员们的祝福。主席台上，小学四年级的李昌硕小朋友非常害羞地将装着纸星星的一个像大奶瓶的瓶子递到秦领队手中，秦领队表示感谢，还幽了小朋友一默："感谢李昌硕小朋友把吃奶的瓶子都送给了我们！"逗得现场所有人都乐开了花。后来才见识到，这就是这位"老南极"的风格，幽默之外，却含着坚毅笃定。开完行前综合教育会，所有人集结，集体乘坐大巴前往郊区的中国极地考察国内基地码头，当晚就睡在雪龙号上，家属不能前往。

出发前科考队员集体合影

不知为何，从小到大，每逢大事总要下雨。7日是出发的日子，一早起来码头边就下起雨来。家属们都坐着大巴车从市区赶来告别。好多队员都是一家老小全来送行的，有尚在襁褓之中的孩子，还不懂什么是离别；有刚刚结婚的新人，依依惜别。一下子码头人就多了起来，加上下雨，场面有点混乱。合影是此刻的重要主题，现场能拉到谁，就让谁给自己和亲人拍照。

　　"朱记者麻烦帮我拍个照！"刚刚认识的科考队员、南开大学博士生向前飞快向我跑来，雨下得很大，他的母亲想给他撑伞，手里拿着一袋新买的橘子，正想交给他，橘子差点掉出来。他直冲我跑来，把相机塞给我，想要赶紧抓住上船前最后的合照机会。这一幕之所以给我留下了深刻印象，是因为橘子的意象。朱自清的《背影》写父亲为他送别，父亲穿过铁道、爬上月台也正是去给他买橘子，给他留下了难忘的背影。

　　人群中，还有一群小朋友窜来窜去，非常兴奋。一问原来是来自上海高桥中学的，他们手中拿着国旗和此次科考队的队旗争相请科考队员们签名，有点把我们当明星的意思。此刻，虽然有我的同事在现场负责文字和图片报道，但我还是本能地想抓住一些画面。一名科考队员把红色的冲锋衣套在自己的父亲身上，母亲把三四岁的孩子抱在怀中，想要在雪龙号船头的"雪龙"两个大字前给他们来张合影，可是奶奶安慰半天，孩子偏不转过头来面对镜头，不知是因为害羞，还是伤心。我想，这次离别，将来会留在孩子模糊而深刻的记忆中吧。

　　到了出发的时刻，雨竟然稍停下来。10点整，国歌响起，刚才混乱的现场一下子安静下来，刚才窜来窜去的小朋友也都整齐站住，在国歌声中，向即将远行的雪龙号致意。人群肃穆中，突然有了一种仪式感。国家海洋局的领导授旗，宣布出征，秦为稼领队接过队旗，领着队员代表一一走上舷梯。此刻，拥抱、转身、挥手、告别！

　　船越走越远，码头上的人渐渐看不清了，天空又下起了雨，很多队员陆续回房间了。我走到船中部的舱盖板上，将冲锋衣的帽子盖在头上，又拨了最后一通电话。雪龙号摆正船头，缓缓开出长江口，雨越下越大……

科考队员与送行人员一一握手，走上舷梯，与亲人告别

02　直到世界尽头

眺望! 与
故乡同一纬度

03

记者是一个行走在路上的职业，我们的人生马不停蹄、漂泊万里，也
能走他乡路、见异地景、感悟不一样的人生，艰辛有之、痛楚有之，
却也精彩有之、幸运有之。

2015年11月8日

经过一天多的航行，此刻，雪龙号已经到达福建东部海域，与我的
故乡福州同一纬度。船上队员和我开玩笑说："找个皮划艇划回去
吧！"

然而，思乡的愁绪还未到心头，晕船的体验已成煎熬。同屋的管道
工曹兴国师傅反应尤其强烈，难受得只能长时间卧床休息。

曹师傅为中国极地研究中心下属后勤服务中心的职工，2015年11月前往南极中山站越
冬，于2017年4月随雪龙号回到上海。2018年11月，曹师傅因病去世。回想起他的音容
笑貌，回想起在海上的一个月行程中同屋共度的时光，不禁令人唏嘘悲叹。"人生不相见，
动如参与商"……曹师傅是一位朴实善良的人，第一天入住，房间里只有一张书桌，他见
我常用电脑，主动提出给我用，并让我睡书桌旁的木床，自己则睡对着门的那张沙发床。
为不影响我写作，曹师傅在屋里总是轻声细语。有时，我开着灯工作到很晚，他也毫无怨言。
他朴实的笑容、和气的言语，至今仍印在我脑海中。听中山站的队友说，越冬期间，曹
师傅不仅负责站区管道维修等任务，也承担了许多事无巨细的杂务，任劳任怨，勤勤恳恳。"曹
师傅是个好人"，每个跟他接触过的人都有同样的感受。中国极地事业的发展，离不开曹
师傅这样的平凡人！

有经验的队员建议，缓解晕船反应，吃饭要只吃六分饱，多到甲板
上透透气。

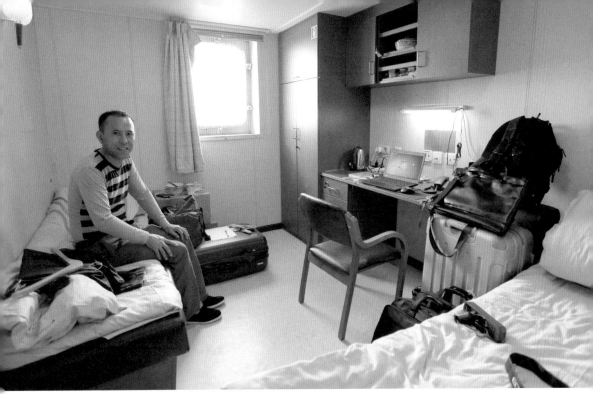

11月8日，我的室友、中山站越冬队员曹兴国师傅在位于雪龙号5层甲板的527房间里

随队医生说，吃晕船药并不是长久之计，只有一个字——熬！熬过了一个阶段，身体逐渐适应，忍受力就会上一个台阶，然后才能抵抗传说中的咆哮西风带。

11月8日，我参加工作以来的第三个记者节在海上度过。此次科考的领队秦为稼、副领队李果特地召集我们4位随队记者座谈，祝贺我们节日快乐，并赠送给我们每人一支刻有"中国第32次南极科学考察"的签字笔作为留念。

记者是一个行走在路上的职业，我们的人生马不停蹄、漂泊万里，也能走他乡路、见异地景、感悟不一样的人生，艰辛有之、痛楚有之，却也精彩有之、幸运有之。

远离大陆，这两天海上天朗气清，白云碧空，除了偶有船只经过，四周似乎杳无边际。虽然，作为一艘万吨级破冰船，雪龙号绝对是一个"大家伙"，但是在茫茫大海，还是如一叶扁舟，可谓"纵一苇之所如，凌万顷之茫然"。

雪龙号航行并不快，最大航速 17.9 节，经济航速 15 节，也就不到 30 公里/时。船长赵炎平比喻说："和骑自行车的速度差不多。"此刻，航行了一天多，距离出发地上海 668 公里，距离中山站还有 11359 公里。

在我国极地考察史上，红白相间的雪龙号堪称知名度最高的一艘"明星船"。1984 年，我国首次开展南极考察所使用的向阳红 10 号没有抗冰能力；1986 年开始服役的极地号，是由芬兰劳马船厂建造的具有 A1 级抗冰能力的货船，我国购进后将其改装成极地科学考察船，共完成 6 个南极航次，于 1994 年退役。现役的雪龙号由乌克兰赫尔松船厂建造，原为北极地区多用途运输船，破冰能力为 B1 级。

雪龙号的主要技术指标：总长 167.0 米、型宽 22.6 米、型深 13.5 米、满载吃水 9.0 米、总排水量 21250 吨、最大航速 17.9 节、最大续航能力 12000 海里，能在 1.2 米厚的冰层中（含 20 厘米积雪）以 2 节航速连续破冰前行，船尾的机库能携带 2 架直升机。

经过 3 次投入巨资的较大规模改装，雪龙号虽然年纪不小，却改头换貌，船上有着齐备的生活设施，有篮球场、游泳池、桑拿房（正宗俄式）、健身房、图书馆、乒乓球台，还有一个大会议室配备了投影和音响设备，可以作为一个不错的 KTV。队员们在工作之余，除了无休止地看海景，业余生活还是比较丰富的。

前路漫漫，雪龙号成了万顷波涛中的封闭世界，犹如一个小小的社会和生态系统。队员们来自五湖四海，从事不同职业，大部分都是第一次见面。随着逐渐熟悉，在相互的交流分享中，每个人都能为大家打开不同的世界。所以，一开始还有很强的新鲜感。

雪龙号在海上航行

1 科考队为 4 名随队记者过记者节

2 从上海出发第二天,雪龙号上的厨师在厨房里为队员准备午饭。船上的厨师辛苦而敬业,五六个人要管两百多号人每天三顿伙食,每有科考作业,还要为队员们准备夜宵

3 科考队员在雪龙号餐厅里打饭。在船上,菜可比肉贵,你看,当天的午饭有空心菜和韭菜炒鸡蛋。当然,这是刚开始出发的福利,越往后,新鲜的蔬菜尤其是叶菜就越少,后半程可能只有土豆、洋葱等容易保存的根茎类蔬菜了

4 雪龙号里配备了升降电梯,可以从1 层坐到 6 层,我住在 5 层,所以经常使用电梯。当然,每当遇到较大风浪、船摇摆得厉害的时候,电梯是禁止使用的

5 雪龙号里还有一个小型的篮球场,在海上打球,考验的不仅是技术和命中率,还有对摇晃船身的适应能力,能够借力使力、"见风使舵"

6 国球在船上依然很受欢迎。你看!这一记好杀球!

7 雪龙号船舱最底层的小型游泳池,一般只在过赤道前后开放,直接将热带的海水注入其中,能容三两队员在此过过瘾

1			5
			6
2	3	4	7

雪龙守夜人

04

黑夜给了他们黑色的眼睛，默默守护着"钢铁巨龙"一路向前。

2015 年 11 月 11 日

雪龙号船员组织大家开展应急演习

每当黑夜降临在茫茫大洋，雪龙号极地科考船就会亮起灯光，中国第 32 次南极科考队的队员们经过一天的海上航行，开始在房间里休息，或者继续在实验室里工作。

船舱里，灯火通明。在雪龙号顶层的驾驶室里，却是一片漆黑和安静。这里，黑夜中的瞭望者，在守护着雪龙号安全前行。

雪龙号船长赵炎平说，虽然雪龙号配备了先进的雷达系统，可以准确识别前方碍航物，但是在任何时候，都需要靠肉眼来观察，尤其是夜间行船，以防万一。开灯会影响视线，所以必须让驾驶室内保持黑暗。

最近两个夜晚，我登上了驾驶台，亲身见证了雪龙号驾驶员和水手夜间值班的过程。

前方是无尽的黑夜，耳边只有船上机器的轰鸣和海浪拍击船身的声音，远处偶尔闪现一两点豆粒般的光芒，那就是前方船只的灯光。

由于四周黑暗，驾驶室内一个驾驶员和一个水手，借着仪表盘的微弱光线，只能看清对方的大致轮廓。当晚的驾驶员、见习船长朱兵告诉我，驾驶室内要随时保证两人值班。"一个是驾驶员，由见习船长、大副、二副或三副担任，负责瞭望和观察仪表，并下达指令；一个是水手，瞭望观察之外，同时负责操舵。"

"嘟嘟嘟……"

正在说话间，几声急促的报警声响起，值班水手许浩马上跑向驾驶

白天拍摄的雪龙号驾驶室，见习船长朱兵（左）和水手许浩（右）在值班

台左侧的火警报警器。屏幕显示：3 层甲板左侧单人间有火情警报。

朱兵立马指令许浩前去查看。原来是一名队员在房间内洗澡，浴室门没关紧，导致水汽弥漫房间，触发自动报警器。

"如果 2 分钟内警报没有解除，整条船的报警器都会响起。"许浩说。

船舶是最重要的水上交通工具，船员生活和工作都在船上，还有各类舱室和机器设备，但由于空间有限，船舶结构设计一般比较紧凑复杂，舱内的通道和楼梯都很狭窄，一旦发生火灾，油气混合物极易在内部有限空间中发生轰爆，烟雾和火势蔓延迅速。船体结构多以钢板制造，热传导性能强，通常起火后 3 ~ 5 分钟内，温度可上升 500℃ ~ 900℃，钢板会被迅速加热，温度很高的热钢板还易引燃相邻和靠近船体的可燃物质，从而扩大火势。因此，船舶火灾是集高层火灾、地下火灾、化工火灾、人员密集场所火灾、仓库火灾于一体的火灾类型，火灾防范和灭火都比较困难，需格外注意防范。

夜晚的驾驶台显示器

第二天，依然是平静的夜，黑暗中值班的是三副邢豪和水手马骏。

年轻的三副出生于 1988 年，带着山东人特有的憨厚朴实，他耐心细致地向初次出海的我介绍驾驶台上的各种航海仪器：HDG 是艏向，COG 是实际航向，STW 是对水速度，SOG 是对地速度，螺距表，罗经表……

马骏是船上第一个"南极二代"，已经与雪龙号同行 20 多年，父亲是中国首次南极考察队的水手。和邢豪一老一少搭配，十分默契。

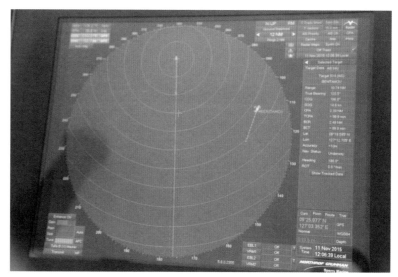

驾驶台上的雷达屏幕

20点47分，X波段雷达中出现一个亮点，被三副邢豪瞬间发现。就在那么几秒钟，他迅速做出了如下反应：

在雷达图上，确认亮点在前方2.2海里——马上切换雷达量程，亮点在屏幕中消失——同时，查看另一台S波段雷达，没有出现亮点——又用望远镜瞭望，并未发现任何碍航物。

"据此，基本可以判断，亮点为海浪回波的可能性比较大。"邢豪解释完自己一系列迅速而专业的动作后对我说。

22点19分，雷达屏幕再次出现亮点。与上一个亮点相比，此次亮点显得饱满而充实。

很明显，这是一艘船，我们远远就看到了航行灯。"一高一矮前后桅灯，左舷红灯，右舷绿灯。"相隔10多海里，通过7倍望远镜一看，邢豪竟能辨别。而当我拿起同样的望远镜，只能看到模糊的一片白点。

船上的自动识别系统接收到对方的无线电信号后显示，这艘名为"HLIMABARI"的货船长达300多米，"好家伙"，几乎是雪龙号的两倍。同时，接收到的信息还有船的航速、航向、目的地、计划到达时间等数据。

完全"门外汉"的我一看雷达图，感觉有"相遇"的风险。然而，邢

直到世界尽头

豪淡定地表示，还差得远呢。

"相对行驶的两艘船在航线上出现重叠，首先会根据《国际海上避碰规则》进行避让，如果不行，将通过甚高频电台直接协调。"邢豪解释道。

《国际海上避碰规则》，英文名称：International Regulations for Preventing Collisions at Sea（COLREGS），是为防止、避免海上船舶之间的碰撞，由国际海事组织制订的海上交通规则。该规则适用于公海和连接于公海而可供海船航行的一切水域中的一切船舶。该规则对驾驶和航行规则、号灯和号型、声响和灯光信号等做了详细的规定。我国于 1957 年同意接受《国际海上避碰规则》。

除了瞭望之外，每隔一定时间，邢豪还要到驾驶室后部的海图室进行作业。将雪龙号的 GPS 位置定位在海图上，对比电子海图中的船位与纸质海图中的位置是否存在误差。

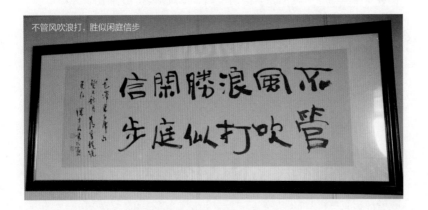

不管风吹浪打，胜似闲庭信步

海图室的墙上挂着这样一幅字——不管风吹浪打，胜似闲庭信步。我拿着单反相机对着眼前专注作业、比我还小一岁的山东小伙，从取景器中，突然生出一种敬佩。

"出海这么多年，最辛苦的是什么？"我问老水手马骏。

三副邢豪在进行海图作业

"跨时区，生物钟颠倒，时间一长，感觉脚下空荡荡的，不接地气。"马骏说，雪龙号从上海到澳大利亚，由北向南航行，不需要调整时差。"从澳大利亚出发后，因为要跨时区，就得每隔一两天拨一次表。尤其这回还要绕南极大陆一圈，跨 24 个时区，生物钟彻底颠倒。"

23 点 45 分，到了交接班时间，二副张旭德和水手吴建生打着手电筒准时来到驾驶台。驾驶员之间、水手之间分别进行交接，交接航向、操舵方式、气象信息、周围船舶密度、前方有无碍航物、海流状况、各种航海仪器工作状态……

——最关键的是，他们还要"交接黑暗"。

"必须要让接班的人眼睛适应 5 分钟以上，完全适应驾驶台的黑暗环境，得到确认后，前一班才能走。"邢豪说。

时针指向 0 点。

黑夜中，他们又开始新一轮瞭望。

黑夜给了他们黑色的眼睛，默默守护着"钢铁巨龙"一路向前。

05

对于所有未知的一切，无限的时空，人应该学会保持一种敬畏。
探索南极，亦当如此。

2015 年 11 月 13 日

11 月 13 日 12 点 03 分 51 秒，在印度尼西亚望加锡海峡，从
上海出发后的第 7 天，雪龙号穿越赤道。此刻，距离上海
2232 海里。和许多队员一样，我也是有生以来第一次到达南半球。

雪龙号驾驶台上的 GPS 显示，雪龙号于世界时 2015 年 11 月 13 日 4 点 03 分 51 秒
（北京时间 11 月 13 日 12 点 03 分 51 秒）穿越赤道

11月13日，科考队员们摆出象征中国第32次南极科考的"32"队形合影留念，纪念过赤道进入南半球

　　船上的老队员说，早年过赤道，船上还要进行"打鬼"活动，船员们戴上妖魔鬼怪的面具，装扮得千奇百怪，"大鬼""小鬼"之间互相打闹取乐。

　　如今不再"装神弄鬼"了，但是拔河、喝啤酒的传统仍然保留了下来。在雪龙号上最大的公共空间，后甲板的停机坪上，科考队举行了穿越赤道纪念活动。队员们摆出象征中国第32次南极科考的"32"队形合影留念，然后分组进行了激烈的拔河比赛和别具特色的喝啤酒大赛。

　　为什么要"打鬼"？据说这是人类大航海时代以来的传统，早年的帆船行驶到赤道无风带海域，一下子风平浪静起来，习惯了大风大浪的船员们似乎感到平静的海面下有怪物将要吞噬他们，所以要"打鬼"，一为壮胆，二为取乐，同时更是为了祈求平安，表达顺利返航的愿望。

第32次南极考察队穿越赤道纪念

拔河比赛开始！这场面真是激动人心！　　　　　　老同志们也拼尽全力！

　　拔河的力气活，大家肯定以为冠军非"大力水手"们组成的船员队莫属吧？其实不然，冠军队是由党群办、直升机机组和格罗夫山队组成的综合队，主要因为有科考队领队秦为稼，直升机机械师马森鑫、宁涛3位体重超过 0.1 吨的"重量级"选手，势大力沉，所向披靡。

　　喝啤酒大赛，用的是一种两头大、中间细，类似化学试验器皿的容器，将一罐罐听装啤酒往里倒满，820 毫升，比谁在最短时间内喝完。毫无悬念，雪龙号三副、健硕的山东小伙邢豪再度卫冕，他今年成绩是 7.5 秒，而他去年的成绩是 5 秒，更是傲视群雄。

　　"百年修得同船渡"，从上海出发已经一个星期了，科考队员们开始熟悉并走动起来。科考队副领队李果说，这是他随雪龙号出海 7 次以来，

这一杯真的好满……820 毫升！　　　　　　一口闷！

开航阶段天气最好的一次。

行驶在赤道无风带，雪龙号船身异常平稳，连晕船的队员也都"满血复活"了。甲板上，大家三三两两，成群结队，吹着太平洋的暖风洗洗肺，晒着热带的骄阳补补钙；或者相约看一看赤道的晚霞落日，多么浪漫而美好。

赤道无风带是指赤道附近南、北纬 5 度之间的地带。这里太阳终年近乎直射，是地表年平均气温最高地带。由于温度的水平分布比较均匀，水平气压梯度很小，气流以辐合上升为主，风速微弱，故称为赤道无风带。

前些天晚上，海上天气晴好，没有云层遮掩，我和央视的两位同行一起，爬上 6 层甲板。茫茫大海，仰望星空，时有流星划过天际，仰观宇宙之大，不禁心生许多感慨，可以用两句诗词来形容。一句是苏东坡的"寄蜉蝣于天地，渺沧海之一粟"，自其变者而观之，则天地曾不能以一瞬；一句是海子的"黑夜从大地上升起"，转身环顾，海天相接，漫天星辰，笼罩四方，"天圆地方"之说，从人类早期的经验论角度来看似乎无懈可击。

记得小时候，看过一本大部头的关于宇宙奇观的书，读完感到一种莫名的"绝望"。那时还不知雾霾为何物，所有一切都那么"耳聪目明"、焕然一新。晚上，一个人呆望星空，想到此刻所见这一束光线从哪一颗恒星出发时，我还不存在，或许人类还不存在、地球还未形成，又或者当我看到这束光线时，那颗恒星早已灰飞烟灭。

后来在大学课堂里，读到《古诗十九首》中的"人生天地间，忽如远行客"，读到张若虚的"江畔何人初见月，江月何年初照人"，读到李贺的"黄尘清水三山下，更变千年如走马"，一种无所凭依的虚空之感不禁让我悲从中来，才知道那是一种"生命意识"和"宇宙意识"的觉醒。

对于所有未知的一切，无限的时空，人应该学会保持敬畏。探索南极，亦当如此。

赤道云霞

科考队员、厦门大学海洋与地球学院教授杨伟锋在收集海水生物培养液样本

随着雪龙号的一路航行，紧张的科考工作已经开始。科考队中的大洋队队员已经开始进行走航采样。事实上，雪龙号就是一艘极大的流动实验室。雪龙号最底下的两层夹板，是大洋队的工作区域，这里有海洋物理、海洋生物、海洋化学等多个实验室，从事大洋科考研究的多是来自自然资源部第一、第二、第三海洋研究所，中国海洋大学，厦门大学等科研院所和高校的研究人员、教师和硕博研究生，"80 后"甚至"90 后"的年轻人是主力军。

"南极大学"开学典礼，校长秦为稼发表开学致辞

　　在太平洋的暖风中，最近雪龙号上队员们的生活可谓喜事连连、精彩纷呈。

　　11月10日，"南极大学"开学典礼在雪龙号多功能厅隆重举行，"南极大学"校长、此次科考队领队秦为稼发表了热情洋溢而幽默十足的讲话，教务长、副领队孙波宣读"南极大学"的各项规章制度。

　　"南极大学"创办于20多年前，秦校长开玩笑说，"'南极大学'的历史已经超过了许多'野鸡大学'"。成立的初衷是为了丰富科考队员漫长的旅途生活，给大家提供一个相互学习、相互交流的平台。

　　"本大学不点名，不收学费，完全义务教育。每一个人都可以当老师，不设讲台，积极提问的有奖品。"

第一讲，秦领队亲自上阵，题目为《锻造重器　指日可待》，介绍的是我国即将新建的极地考察船。秦领队认为，这艘新船"将是最好的极地科考船"，听得大家心潮澎湃。

2019 年 10 月至 2020 年 4 月，在中国第 36 次南极科考期间，我国首艘自主建造的极地科学考察破冰船"雪龙 2 号"首航南极，与雪龙号一起"双龙探极"，开启了中国极地考察新时代。

据"南极大学"教导主任李保华介绍，"南极大学"一周 4 次课，一般定于上课日当天下午 3 点准时开课，课程结束将统一颁发"毕业证书"。

这可能是气氛最为热烈的"大学"课堂

这几天，食堂门口的展板上，贴出了一则海选广告。"南极大学"开课的同时，新一季"雪龙最强音"也闪亮登场。11 月 12 日晚，海选活动正式拉开帷幕。据说，之所以叫"最强音"而不是"好声音"，是因为比拼的不是音准是否到位、节奏是否合拍、旋律是否悠扬，而是嗓门和音高决定一切……（其实船上还是藏龙卧虎，有许多"民间"高手的。）

来自格罗夫山队的四小虎组合，他们演唱的是《少年壮志不言愁》

热情的观众

在丰富的文体活动让科考队员得以放松之余，这几天也有一项重要工作，让大家提高了警惕——那就是防海盗巡查。

船长赵炎平表示，11 月 11 日至 14 日，雪龙号进入东南亚海域，从望加锡海峡一直到龙目海峡，这片海域曾有海盗活动，必须加强预防。具体的工作安排是，每天晚上 10 点到第二天早上 6 点，每两小时由 4 个人值班，拿着高强度探照灯和对讲机，在船上不同位置进行巡查。

"真有那么严重吗？"

此次科考队中山站站长、"老南极"汤永祥分享的一段故事足以侧面印证防海盗巡查的必要性。

　　老汤介绍，2004年防海盗巡查过程中，一天凌晨2点左右，他在2层甲板附近巡视时，发现远处一个东西的反光不对劲，他拿探照灯一照，发现一艘小船不开灯冲着雪龙号中部甲板快速驶来。"我马上通过对讲机告诉驾驶台，驾驶台立即打开海灯照向来船，发出警告。那一伙人知道自己被发现，从雪龙号后方绕了一圈开走了。"老汤说。

　　海盗事件多发生在黑夜，目标多为散货船、油轮以及拖船。面对海盗，船员们会提前准备好长棍、啤酒瓶、自制燃烧弹等防海盗武器，并且在船舶两舷侧架设螺旋式铁丝网（反攀爬）、防弹舷墙（防弹）、钛雷发射器（驱逐用）等。

科考队员在雪龙号上进行防海盗巡查，用探照灯查看远处海面　　　　　　　　11月13日黄昏，雪龙号航行在赤道海域

　　"雪龙"仍在向前，不舍昼夜。

　　对于科考队员而言，穿越赤道，进入南半球，不仅意味着南北季节的轮转，也暗示着那个遥远的目的地，正在慢慢走来。

"师傅"，格罗夫山的探险者 06

"你在格罗夫山的每一步，都可能是人类的第一步，也可能是你的最后一步！"

2015年11月24日

南极格罗夫山最高峰梅森峰

"你在格罗夫山的每一步，都可能是人类的第一步，也可能是你的最后一步！"

在东南极内陆，距离中山站600多公里，有这样一座山脉，美丽而暗藏凶险：64座岛峰浮出冰原，那里有晶莹剔透的万年蓝冰，形态奇绝的风棱石，来自星际空间的珍贵陨石，置身其中，你会感到天荒地老；与此同时，还有突兀陡峭的蓝冰悬崖、肆虐起来暗无天日的地吹雪、隐匿于无形的冰缝，一不小心，人将葬身无处。这就是格罗夫山。

"师傅"，就是格罗夫山的探险者。

有故事的人总是沉默着

"师傅"这个称呼，在雪龙号上有一个特定的指代——中国南极科考队格罗夫山队机械师李金雁。

2015 年，"师傅"已经 61 岁，是雪龙号上年纪最大的人。1998 年以来，我国已在南极内陆开展了 6 次格罗夫山考察，"师傅"是唯一的全程亲历者。

花甲之年，"师傅"第 7 次出征格罗夫山。

有句话说，"远行者必有故事可讲"。"师傅"是北京人，在西单胡同里长大。然而，提起格罗夫山，却没有北京人的"侃劲儿"。

从食堂到甲板，从船头到船尾，我如影随形，试图"套"出些话来。"师傅"摆摆手，"没啥好说的"，或一个人钻进甲板上的吸烟房，或在黄昏时候，凭栏吹吹海风。对他而言，这茫茫大海已没有什么新奇。他的头发已渐稀疏、花白。

有故事的人，从来不是爱讲故事的人。

"做极地工作，一条最重要的素质就是情感不外露、处事不惊。关键时刻要沉着冷静，一个很小的决策就能决定生死。"此次格罗夫山队队长、中国科学院地质与地球物理研究所援疆教授方爱民说。

晚上，我拿着出发时带上船的柚子，直接"闯入""师傅"的房间。

"'师傅'，请您吃柚子，今晚一定得给我好好说说。"

方教授也为我敲边鼓。"朱记者找你好几次了，赶紧跟人家说说。"

"威逼利诱"之下，"师傅"才讲起了他的故事。

1975年，插队回京的"师傅"进入中国科学院地质研究所，在车队当司机。"师傅"说，几十年来，他开车走遍大江南北，新疆、西藏、青海的路，他几乎都跑过。长期艰苦的野外经历，为南极之行打下了扎实基础。

1998年6月，"师傅"正在新疆跑野外，一天接到中国科学院地质研究所研究员刘小汉的电话："有没有兴趣去南极？"

"师傅"当时对南极了解得很少，"只知道它是在很远很远的南方，那个地方很冷没有人住"。

刘小汉简单地向"师傅"介绍了一下南极考察的具体情况，说需要一名机械师做后勤保障，问"师傅"有没有兴趣，并要求马上回复。

"说实话当时我也没时间想，只是问了一句，去南极是不是可以到别的国家看看？"

"那当然，这次可能要路过新加坡和澳大利亚。"

"一听他说能到国外看看，我马上就答应了。行，我去！"

"去南极有一定风险，格罗夫山以前从没有人去过，你要有思想准备，有可能回不来。"

"没事，我喜欢冒险，干别人没干过的事。"

去南极，这么简单的理由，如此爽快地答应。

格罗夫山队营地的黄昏

格罗夫山队营地全貌　　　　　　　　　　云盖下的格罗夫山地区的哈丁山

就这样，"师傅"成为中国第 15 次南极科考队格罗夫山队的一名队员，参加了我国首次南极内陆格罗夫山科学考察。

单车勇闯格罗夫山

1998 年之前，格罗夫山还是人类南极科考的未达之地。

"当时世界上没有人开车去过格罗夫山，只是乘飞机飞过，起个名字而已。"

当年 12 月 15 日，中国首次南极内陆格罗夫山科考队从中山站出发。科考队由 4 人组成，两名地质学研究员刘小汉和刘晓春，一名测绘学博士生霍东民，以及作为机械师的"师傅"。

在出发基地准备物资时，两辆雪地车中的一辆突然坏了。单车进入南极内陆考察，在人类历史上还没有过。

"刘小汉他们经过近 10 年努力才争取到这次考察任务，如果取消，将留下终生遗憾。""师傅"完全理解科学家们的心情，而"师傅"也是他们最信任的机械师。

经过一番权衡，他们还是决定出发——单车勇闯格罗夫山！

"由于当时我国南极内陆考察刚起步，设备经费不足，条件有限，单车进入格罗夫山也是下了很大决心，担了一定风险的。""师傅"说。

就这样，他们开着一台 PB170 雪地车，拖着两部雪橇和物资，向着格罗夫山方向，与另一支中国南极内陆队一起出发了。

南极"白化天"　　　　　　格罗夫山的冰缝

　　"出发后一上冰川，马上就上大坡，由于雪地车马力小拉不动，我们就先拉一部雪橇走十几公里放下，再回去拉另一部，上了大坡再挂到一起。"

　　在艰险恶劣的南极内陆，机械师是科考队的后勤兵和生命线，其作用再怎么突出也不为过。

　　"你要负责车队的安全行进，扎营时要负责发电，要把科考队员送到工作地点，配合完成各项考察任务，并把他们安全带回。""师傅"说，作为一名南极内陆机械师，不但要有技术和责任，还要有智慧和胆量。

　　在距离中山站 464 公里处，格罗夫山队与另外一支内陆队分开，4 人正式踏上单车勇闯格罗夫山的征程。而此时，风险才刚刚开始。

　　在格罗夫山地区，由于冰川遇到冰下山脉阻挡流速不同，冰缝非常发达。这些冰缝的宽度最大可达四五米，长度几乎看不到头，"密集的地方，就像麦田似的，一垄一垄的"，冰缝表面多为冰雪所覆盖，一般人很难分辨，稍不注意就会连车带人坠入深渊，生还概率十分渺茫。

　　"如果一直沿着冰缝走，找到最窄的地方，当然可以绕过去，但这样会花费大量时间。必须选择一个最合适的地点，跨越冰缝。"方爱民说，这个时候"师傅"的经验就显得非常重要，从哪里跨越由"师傅"决定，他要冒着危险开车第一个过去。

历经重重艰险，跨越一道道"生死裂缝"，3天后，他们终于到达格罗夫山地区萨哈罗夫岭脚下。然而，艰巨的考验还在后面。

　　"扎营之后，我们出去野外工作是两人开一部雪地摩托车，要跨过一道道冰缝和陡坡才能到达岩石露头的地方，在冰雪中工作一天手脚都没有了知觉，回来后好长时间才能缓过来。"

　　"有时遇到冰缝，雪地摩托车速度太快，到了跟前根本没时间停下来，只能一提把飞过去。"当时惊险的经历，现在听来仍然令人心悸。

　　"师傅"回忆，在首次格罗夫山考察期间，利用率最高的就属仅有七八平方米的生活舱。"它既是我们的住房，也是厨房和餐厅，又是办公室和仓库。晚上睡觉时，我们要把地上所有东西收起来才能铺下被褥，而且有一个人还要睡在桌子底下。"

"师傅"（左）在排除机械故障

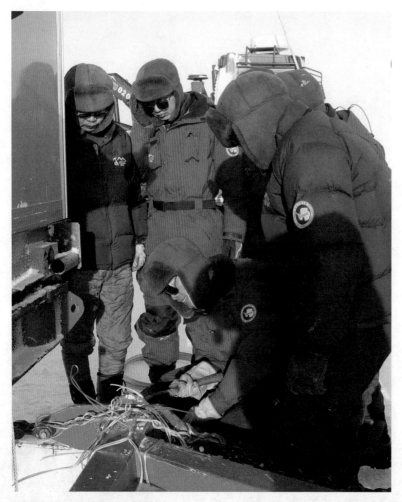

图中用铁丝缠绕断裂的雪橇的是"师傅"

由于携带的便携式发电机的油管是由一般橡胶制造的,在零下几十摄氏度的酷寒中很容易被冻断,他们经常睡到半夜被冻醒。同时,他们每天都要拉得气喘吁吁才能让发动机发动。

加油机是手摇的,发电机是手拉的,雪地车是没有保温的……"师傅"说,首次挺进格罗夫山,他们在取得一项项科研成果的同时,都成了生死与共的好朋友。

图中跪地修车者是"师傅"

"留到最后的才是金子"

在南极，有一个不成文的规定。"谁先在这个地区开展科研工作，谁在国际上就具有优先发言权，别的国家要想在这个地区开展工作，需要与先到者取得联系和合作。"方爱民介绍。

"师傅"说，他十分敬佩格罗夫山考察开创者刘小汉的执着和勇气。"当时，中国再不去，其他国家就要去了。格罗夫山考察等于说为咱们国家在南极开辟了一块自己的科研基地。"

后来的事实也证明，格罗夫山是中国南极科考中"产出比"最高的地区之一。据不完全统计，1998年以来，我国在格罗夫山地区先后开展了陨石、地质、冰川、地球物理、冰盖进退等一系列科学考察和研究，发表了上百篇论文，相关成果得到国际极地科学研究界的认可。相对于以上这些科研成果，方爱民特别告诉我："'师傅'是真正的无名英雄。"

"我们做科研的都要感谢他。说实话，我们都是带着科研目的来的，回去可以发文章、评职称，很多人都'功成名就'了。而像'师傅'这样的机械师，仍然默默无闻，一次又一次地来。没有他们，我们还做什么研究？"方爱民动情地说。

"既然这么危险，害怕过吗？"我问"师傅"。

"在格罗夫山，不是不怕死，而是不知道死。""师傅"说。

"为什么还要一次次来？61岁了，这是最后一次了吧？"

"还是有点怀念和热爱。南极真是非常纯洁的地方，到了格罗夫山，你就没有任何杂念了。那景象，跟神话中孙悟空大闹天宫的感觉一样，人

格罗夫山的冰原岛峰

格罗夫山队的雪地车，车上队旗被狂风吹裂

间仙境，若隐若现……"

在格罗夫山，刘小汉曾经跟"师傅"说过这样一句话："等你老的时候，对子孙有可讲的故事，这辈子就没有白活。"

"师傅"说，这句话影响了他的后半生。

"师傅"笑称，作为一个名副其实的"老夫"（老格罗夫山队队员），现在已没有当年的冲动。而作为一个经验丰富的老队员，他有带新队员的责任。

"师傅"今年有了一个"小跟班"，年轻的机械师金鑫淼，"90后"，上海人，华东理工大学机械设计专业毕业，大家都叫他"小金子"。

2013年11月，作为中国第30次南极科考队的机械师，"小金子"第一次深入南极内陆，参与了泰山站的建站工作。2015年1月，他刚从南极回来，此次又再出发，工作不到3年，有2年在南极。

"小金子"现在是师傅的"小尾巴"，他们一起到食堂吃饭，一起在甲板上散步，同住一屋，可谓言传身教、潜移默化。

"小金子"还得磨一磨，"师傅"笑着对徒弟说："留到最后的才是金子。"

　　记得 2014 年，我在茫茫大漠中的敦煌，采访"敦煌的女儿"——留守敦煌达半个世纪、时任敦煌研究院院长的樊锦诗时，听到这样一句话：

　　"敦煌就像一块磁铁，吸引着钢铁一样的人们。"

　　我想，对于"师傅"而言，南极就是那块巨大的磁铁。

　　（本节图片由方爱民提供。）

"师傅"和"小金子"在雪龙号甲板上

2006年，"师傅"在格罗夫山中国考察基地。废弃铁桶上写着每一次格罗夫山队队员的名字。从1998年至2015年，"李金雁"这3个字都记录于此

再见，人类社会！
穿越，咆哮西风带！

07

从此，就要暂时与人类文明社会说"再见"了。前方，就要进入南大洋深处，四周已无陆地可依。

2015 年 11 月 28 日

刚过去的一周，是名副其实的"大起大落"的一周。雪龙号从中途靠岸补给的幸福时光，到穿越西风带的疯狂考验，可谓跌宕起伏。

雪龙号在弗里曼特尔港补给物资

弗里曼特尔港夜色中的雪龙号

别了，"小馒头"

11月22日晚上10点左右，暮色之中，雪龙号缓缓驶出弗里曼特尔港。

"再见，弗里'小馒头'！"

甲板上，科考队员用中国式幽默，向弗里曼特尔，这个美丽的澳大利亚西部港口挥手告别。

弗里曼特尔港是澳大利亚西部的重要港口，被称为澳大利亚的"西大门"，位于西澳首府珀斯市西南19公里处，是珀斯的卫星城。美丽的天鹅河从这里流入印度洋。由于特殊的地理位置和优良的港口条件，这里成为各国科考船往返南极的重要补给基地。

红色和绿色航标灯勾勒的海岸线轮廓，渐行渐远。大家赶紧抓住最后机会，疯狂刷着即将失去网络信号的手机。"小馒头"这三个字之中，除了暖暖的亲昵，还有几分淡淡的不舍。

从此，就要暂时与人类文明社会说"再见"了。前方，就要进入南大洋深处，四周已无陆地可依。

11月19日凌晨4点，持续航行已超过7000多公里的雪龙号，在队员们的睡梦之中，终于暂歇脚步，进入弗里曼特尔锚地。从19日到22日，靠港期间风平浪静的生活，让大家都幸福地放松了"警惕"，身体也从海洋模式暂时调转到陆地模式。

虽说雪龙号的靠港时间是 4 天，但第一天船在锚地等待通关，陆地可望而不可即；第二天、第三天，船在货运码头装备物资，可"急"而不能下；到了第四天，队员们才能下船登陆。

　　自 11 月 7 日从上海启程，13 天海上漂泊，现在终于可以接一接"地气儿"，大家都恨不得到地上"狠狠地踩两脚"。

　　"放风"时间为 22 日早上 8 点到晚上 8 点，队员们纷纷成群结队，尽情"游荡"。在短暂逗留之中，虽然多半是走马观花，依然能够感受到这个海滨小镇的悠闲惬意。

海滨小镇的悠闲时光

　　我印象最深的还是在离港口不远的，位于南方大道的咖啡道。这天刚好是周日，咖啡道上人来人往却不显得拥挤，一张街边的咖啡座、三两好友，当地居民就可以"虚度"一个下午的时间。视野里，极少看到国内那种低头刷手机的身影，只有海鸥在屋顶、街角、身边，无处不在。

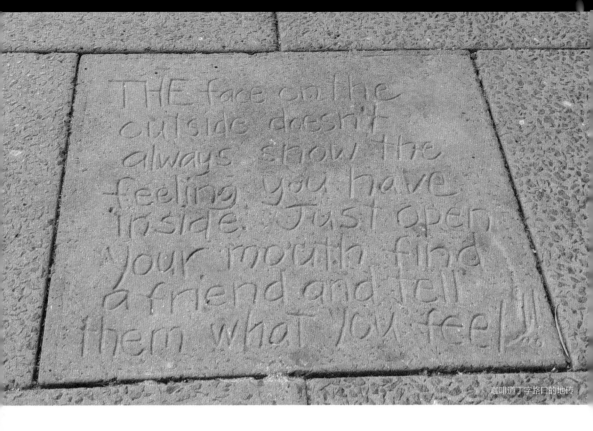

咖啡道丁字路口的地砖

　　在咖啡道丁字路口的地砖上，我不经意地低头一看，几行简单得连我都可以读懂的英文赫然入目："The face on the outside doesn't always show the feeling you have inside. Just open your mouth find a friend and tell them what you feel." 大意为：有时候人们会心口不一，所以去和你真正的朋友敞开心扉聊一聊吧。

　　在西方文化中，这一杯街头巷尾的咖啡里，品味的绝不仅仅是"拿铁""卡布奇诺"，而是人与人之间的交往和表达，进而成为一种"公共领域"的重要载体。

　　12个小时毕竟太短，这个美丽小镇的故事，或许只有等到明年3月雪龙号再度路过之时继续展开。对于一路向南的雪龙号而言，悠闲惬意总是暂时的。套用一句流行的诗来说，"既然选择了远方，便只顾风雨兼程"。"小馒头"，先暂别了；人类社会，先暂别了。

穿越！咆哮西风带

告别澳大利亚，大家都严阵以待，做好了心理准备——传说中的咆哮西风带就要到来。

西风带位于南北纬35-65度之间，从副热带高气压向副极地低气压散发出来的气流在地球自转偏向力的作用下偏转成西风（北半球为西南风，南半球为西北风），因此被称为"西风带"。同时，南半球在该纬度范围内几乎全部为辽阔海洋所环绕，表层海水受风力的作用，产生了一个自西向东的环流。这里终年盛行5-6级的西向风和4-5米高的涌浪，风大浪高流急，行船危险系数较高。而在大约南纬40-60度的纬带上，因受气旋活动影响，7级以上的大风天气全年每月都可达7-10天。故而，又被称为"咆哮西风带"或"魔鬼西风带"。

据了解，1991年3月6日，雪龙号的"前辈"、我国第二代极地科考船极地号航行到南纬55度海域时，曾遇到35米/秒的强风，浪高达8~9米。山一样的巨浪呼啸而至，将船尾部盘结的粗缆绳全部打散，冲入海里，

雪龙号航行在西风带海域

在后甲板上的蒸锅也被卷入大海中。

乘船漂泊于西风带，人将领教前后左右"筛筛子"一样的摇摆颠簸。对于过西风带的晕船痛苦，早年中国极地科考队员曾总结出这么一个形象的"十句诀"："一言不发，双目无神，三餐不食，四肢无力，五脏翻腾，六神无主，七上八下，久卧不起，十分难受。"

为了尽量避开强气旋，保证航行的安全性，原定于 24 日从澳大利亚出发的雪龙号，提前至 22 日晚起锚。

从船靠弗里曼特尔港开始，雪龙号 6 层气象室的气氛就开始紧张起来。21 日晚，秦为稼领队、船长、气象预报员等在此进行了会商，根据气象预报的前方气旋分布情况和发展趋势，决定雪龙号一路往南直接"插"到气象条件稳定的高纬度冰区，然后再往西到达中山站。

虽然大致航线已经确定，但是海上风浪瞬息万变，根据现有气象预

雪龙号航行在西风带海域

报数据对几天之后的气旋运动轨迹进行预判依然存在变数，因此雪龙号上的气象预报员有一项关键任务，就是要实时接收最新数据，进行分析对比。

这几天，来自国家海洋环境预报中心海洋气象预报室的气象预报员马静和陈志昆忙得够呛。每天早上6点，马静要起床到气象室接收气象预报资料，进行整理、排序、对比，然后向船长汇报。而为了第一时间收到最新数据，陈志昆晚上干脆睡在气象室，凌晨3点接收和分析最新数据。

船长赵炎平则根据气象数据，用计算机进行航线设置和模拟推演，综合考虑风速风向，涌浪的大小、方向、波长等多种元素，来制定最优航线。

每天早上9点和晚上7点，船上都会定点召开领队、船长、气象预报员之间的会商，对雪龙号的航线进行分析和讨论。

"以前在海上经常是见机行事，根据涌浪来调整航向，真没有这么精确。"赵船长表示。

其实，从穿越西风带的气象保障条件就可以折射出我国极地考察事业的发展与进步。

马静介绍，从最早用传真机接收来自周边国家的气象传真图，"整个南大洋就一张A4纸，非常粗略，只能判断个大概"；到20世纪90年代后，装载了卫星数据接收处理系统，接收气象云图；再到近几年，借助

拍打着雪龙号船舷的西风带巨浪

11月26日，雪龙号气象室，领队、船长、气象预报员进行过西风带会商

海事卫星通信设备，实时接收国内外多家主流预报机构的气象资料，分辨率和准确度相较以前都有了很大提高。

总而言之，对于西风带，一方面决不能掉以轻心，另一方面也没必要谈虎色变。依靠先进的气象预报技术和科学的分析决策，还是可以保证雪龙号的安全穿越。

当然，晕船体验必不可免。正如船上队员们的调侃——"西风带肯定能过去，关键要看你是躺着过的，还是站着过的。"

22日晚从澳大利亚离港后，涌浪在3米左右，船身摇摆幅度并不大。但是队员们由于靠港期间幸福地放松了"警惕"，"躺下了一片"。

26日，行至副高压中心位置，"风暴眼中的宁静"。上午竟能见到蓝天，船身也基本稳定。前两天晕船的队员也稍微缓过神来，"消失"好几天的人也奇迹般地来食堂吃饭了。

27日，最终考验到来，雪龙号开始遭遇此行最大涌浪，涌浪最高达5米左右，房间里的东西出现"乾坤大挪移"，人在床上也如"烙煎饼"般翻来滚去，走路"东倒西歪"，一会儿超重，一会儿失重，"一脚在火星，一脚在地球"。

巨浪滔天之际，却是船上许多摄影爱好者一展身手之时。"来了！来了！""这个厉害！""哇！"……位于雪龙号7层的驾驶台上架起了"长枪短炮"，相机快门的声音此起彼伏。

从驾驶台透过玻璃望去，风卷巨浪，迎面撞击"钢铁巨龙"，发出巨大而沉闷的声响，海水直接漫过前甲板，巨浪飞起十多米，没过前桅杆，向驾驶台迎面打来，前窗玻璃瞬间模糊，船身随涌浪上下起伏，人如坐着跷跷板似的，向外望去，一下看到的是天，一下见到的是海。

实际上，涌浪的最佳拍摄位置在雪龙号的罗经甲板，就是雪龙号驾驶台的正上方，整艘船最高的地方。为了获得最佳拍摄效果，我也是"拼了"，竟爬了上去，站在甲板最正前方的栏杆前，拍摄涌浪击打雪龙号船头的情景。

温度已经接近0℃了，强风吹来，我根本睁不开眼，尤其是那种狂风呼啸的声音，嗖嗖地犹如子弹从耳边穿过一样，摄人心魂，真有点要将人直接掀飞的感觉。我紧紧地倚着栏杆，把相机的带子套在脖子上，生怕它掉下去，同时脸贴着相机机身的部分挡着风。我此时在雪龙号最高点，大概20多米高的地方，船前后左右摇晃，就像在游乐园坐"海盗船"一样。还必须等待大浪出现的时机，我的判断是只有在船头被顶到最高点然后向下的过程中，刚好迎面来一个大涌，才能打起巨浪。

我戴的是科考队发放的外层胶皮里层加绒的加厚防寒防水手套，不一会儿就被冻透，手指彻底失去知觉，一个大浪过来，冰冷的海水在船头撞击后飞溅上来，镜头很快模糊，等待，再来一次。狂风对着我吹，清醒到头脑感到刺痛……

不知为何，我心里一时却失去了对危险的恐惧，而是感到一种"快感"。我想，这种"快感"不正是康德哲学中"崇高"的最佳诠释吗？当自然给予你的震惊，超出了个体体验和想象力的边界，惊惧过后会产生鼓舞、激越和净化。

雪龙号破浪前行

03

南极！南极！

在地球最南端，永不落山的太阳恣肆意放射着亘古的光芒，普照着银装素裹的苍茫天地。冰山搁浅，山脉显形，万古长空。在这里，时间和空间似乎被永恒凝滞。

南极见面礼 01

穿越西风带，似乎明白，狂风巨浪原来在守护着世界尽头的奇景，喧嚣之后宁静至极，天下有大勇者，方能得而见之。

2015 年 11 月 28 日

11 月 28 日，我一觉醒来，头脑昏沉胀痛感突然减轻了许多，船也稳了好多，雪龙号已行进至南纬 58 度，咆哮西风带基本过去了。

下午 2 点 10 分左右，我在房间休息。突然接到驾驶台电话，值班的"德子"（二副张旭德）用浓厚的津门口音喊道："快来驾驶台，看到冰山了！"

我二话没说，赶紧跳起来，拿起相机，换上 400mm "炮头"，直接冲向驾驶台。

在雪龙号左前方 4.5 海里处，出现了一个反光点，肉眼望去，很难看出形状。

然而，雷达屏幕上，早已清晰可辨，冰山仅露出海面的部分就已超过雪龙号的船体大小。

冰山脱离了冰川或冰架，在海洋里漂流。冰的密度约为 917 千克／米³，而海水的密度约为 102 千克／米³，依照阿基米德定律，自由漂浮的冰山约有 90% 体积沉在海水表面下。这也是为何有"冰山一角"一说。冰山非常结实，加之极地的低温环境下金属的强度降低，因此冰山是极地海洋运输中的极端危险因素。

此刻，已近南纬60度，天气阴冷，窗外很快飘起风吹雪，四面一片模糊，冰山又隐匿无形。

又过一会儿，风雪稍住，冰山终于露出真容。

其实，从进入西风带开始，一项极具特色的比赛就在雪龙号上展开——猜冰山，让科考队员们猜测本次考察遇到的首座冰山所处的实际纬度。

最终，雪龙号船员李文明以最接近实际纬度的猜测58度58分38秒，仅仅5秒之差赢得此次比赛的冠军。

下午6点左右，见到第二座冰山。晚上8点左右，见到第三座冰山。

从此往南，冰山将越来越多。

穿越西风带，似乎明白，狂风巨浪原来在守护着世界尽头的奇景，喧嚣之后宁静至极，天下有大勇者，方能得而见之。

这些从南极冰盖上分裂、掉落、漂流而来的冰山，就像一份见面礼，预示着那块冰封雪裹的大陆，真的近了，更近了。

下午2点30分左右，在雪龙号上用肉眼看到第一座冰山　　　　下午6点左右，见到第二座冰山　　　　晚上8点左右，见到第三座冰山

中山！中山！ 02

当我乘坐直升机，穿过普里兹湾无垠的白色冰海，盘旋在东南极拉斯曼丘陵的协和半岛，在空中俯瞰时，我心中默念着——"终于见到你，南极！终于见到你，中山站！"。

2015 年 12 月 3 日

雪龙号即将进入南极圈，海面上浮冰越来越密

北京时间2015年12月2日14点41分，在经过25天海上航行之后，雪龙号进入南极圈，距离此行的第一个目的地中山站已经咫尺之遥，"极地时间"正式开始。

雪龙号上的仪表显示：雪龙号从东经76度11分，穿越南纬66度33分的南极圈

中国南极中山站

世界尽头的景象

12月3日，经过近一个月、超过一万公里的航行，雪龙号抵达南极普里兹湾的陆缘固定冰区，距离中山站25公里。到达的季节已经是南极夏初，普里兹湾却仍被厚厚的冰雪覆盖，海冰厚度达1.2米，冰面上还有几十厘米深的积雪。而这1.2米的陆缘冰已经超过了雪龙号的连续破冰能力。

雪龙号破冰的方式是，先开足动力往后倒一段距离，然后全速向前冲撞冰面。与最新的先进破冰船相比，雪龙号的优势，一是在于自身重量达2万多吨，二是船头用硬度极强的钢铁整体浇筑，钢板厚度达50厘米。雪龙号撞击到冰面上，然后通过自身重量，将冰压碎。

即便这样，雪龙号用尽全力，也只向前"拱"进了2公里，停在了距离中山站23公里的地方。这意味着，接下来就要开始进行海冰卸货了。

3日一早，直升机机组的机械师和飞行员就早早来到后甲板的飞机库，今天是本航次首飞。

"海豚"直升机从机库里被推到甲板上，折叠起来的旋翼被打开，开始为直升机加油，进行一系列仪器设备测试，机械师刘晓平手上有好几页纸、100多个项目的放飞单，每检测一个项目打一个勾。他们都是国内

雪龙号停泊在南极普里兹湾的陆缘冰上

最顶尖的飞行员和机械师，但在极区飞行，谁敢有半点懈怠？

"海豚"今天的任务有两项，在空中为雪龙号探路，同时搭载科考队领导成员先期到中山站，向留守在中山站的 18 名越冬队员表示慰问。我随同采访，有幸成为此次第一批登陆中山站的"乘客"，更有幸从空中俯瞰世界尽头的震撼景象。

"海豚"从后甲板腾空而起，旋翼发出刺耳的轰鸣，掀起巨大气浪，雪龙号这个庞然大物渐渐在视野中成为白色冰海中的一叶扁舟。

极地高空俯视，眼前出现了一幅仙境般的画面——

空中俯瞰停泊冰海的雪龙号

永不落山的太阳

　　在地球最南端，永不落山的太阳肆意放射着亘古的光芒，普照着银装素裹的苍茫天地，亿万年冰雪封锁着南极大陆，终于在普里兹湾边缘收住延伸的脚步，露出黑色的起伏山峦。

　　海面被冰雪覆盖，一望无垠的洁白海冰犹如万顷牛奶汇聚而成，却无法形容其变化；又如浓得化不开的云雾沉潜于脚下，却难以描绘其静美。

　　冰山搁浅，山脉显形，万古长空。在这里，时间和空间似乎被永恒凝滞。

　　面对眼前一切，所有形容词、所有语言都失去了色彩。

　　激动？感动？这不正是我漂泊万里寻找的世界尽头的景象吗？不知为何，有一瞬间，泪光在眼中闪动。

03　南极！南极！

雪龙带来祖国的消息

"中山，中山，我是雪龙。"

12月3日0点，留守中山站一年多的中国第31次南极科考队中山站站长崔鹏惠，从高频电台里收到来自雪龙号的呼叫。

虽然已经提前得知雪龙号的行程，然而听到来自祖国的消息，老崔还是激动得失了眠，凌晨4点多就起床了。

从雪龙号飞抵中山站，23公里的行程，直升机只用了10多分钟。南极大陆越来越近，拉斯曼丘陵犹如黑色的脊梁刺穿冰原，中国南极中山站错落绵延，矗立其间。

由远及近，从高到低，直升机沿着拉斯曼丘陵上空盘旋，中山站的建筑渐渐清晰起来，很快就看见站在楼前迎接的中山站越冬队员。老崔站在最前头向空中不断挥舞双手，有人直接站在皮卡车的后斗上，有人拿着相机和手机拍摄、录像。经历了一个冬天风雪考验的18名勇士，此刻等来了来自远方的慰问。

越冬队员迎接祖国亲人　　　　　　　　　　老友相拥

　　秦为稼领队第一个跳下直升机,这位 25 年前就在中山站越过冬的"老南极",大步上前与迎面而来的老崔紧紧拥抱在一起,副领队孙波望着头发花白的越冬队员王刚毅,紧握着双手,前来接班的新任站长汤永祥抢过越冬队员的锣,和老崔一起使劲敲起来……

　　这样的时刻,一切尽在不言中。

中山站最早一批建筑气象栋历经岁月沧桑，见证多少相聚离别

"一走一留两种情"

中山站（南纬 69 度 22 分，东经 76 度 23 分）建成于 1989 年 2 月
26 日，是我国第二个南极科考站，也是我国首个建立在南极圈内的科考站。

从建成开始，每一年都有越冬队员留守在中山站，他们要克服极昼
极夜、酷寒、暴风雪等种种考验，完成气象常规观测、高空大气物理观测、
固体潮及地磁观测等科考项目，还要保证站区正常运行，进行机械设备
检修等各项任务。

从 2014 年 11 月至今，18 名越冬队员已经在此度过了一年多的时光。
南极的强烈紫外线留给了他们一个个黝黑的面容。

中山站前的路标，指示着从此处
到达国内主要城市的距离

京剧脸谱油罐——当年来到这里的一位记者的突发奇想，成就了中山站的标志性建筑。据说，不同脸谱代表着当时的不同科考队员，有面目清秀的女子，也有满脸络腮胡的大汉

　　雪龙号送来祖国的慰问，越冬队员们的喜悦溢于言表。在新主楼的会议室里，大家坐在一起。这里没有什么寒暄、客套话，科考队的领导多是感同身受的"老南极"。

　　老崔一一介绍 18 名越冬队员的情况，大家相互调侃着，担任管理员的陈松山留了一冬天的头发，用皮筋扎起来，"一辫冲天"，满脸络腮胡子，活脱脱一个"道士"，与医生王征锃亮的光头形成鲜明对比，水暖工王叔（王刚毅）头发花白，脸上被强烈的紫外线晒得黝黑，反衬出因戴墨镜保护而相对显白的眼部。

中山站老主楼里的中山堂，立着孙中山先生的铜像

　　科考队带来了洗印装裱好的第 31 次科考队中山站越冬队全体队员的合影，由秦领队亲手交到即将卸任的中山站站长老崔手中。这张合影将和以往历次科考队的队员合影们一起，被永远挂在会议室里的墙上，作为这 18 名越冬勇士的荣誉见证。

雪龙送来祖国的慰问，越冬队员们的喜悦溢于言表

"十六年弹指一挥间,我代表老南极人向你们鞠一躬。"此次科考队副领队、16 年前在此越冬的中山站老站长李果的举动令人动容。

"又闻雪龙汽笛声,一走一留两种情。"李果这样感慨。对于越冬队员而言,雪龙号的到来,意味着回家的时候到了。

然而,此次此刻,并不是所有越冬队员都"归心似箭"。这 18 名越冬队员中,有 6 位将继续留在南极,执行度夏任务。

56 岁的老崔即将作为内陆机械师,参加格罗夫山地区的考察。这位老机械师参加过 11 次南极科考,其中 10 次深入南极内陆,经历过太多传奇而感人的故事。当天晚上我们在他的站长办公室里,畅谈至凌晨 3 点。窗外是极地的夜空,阳光明媚。

而当 59 岁的王叔接到可以转为第 32 次度夏队员,继续留在中山半年的通知时,他反而倍感高兴。7 年前,王叔的儿子作为科考队员来到这里,回去之后跟他讲述南极的故事,王叔被深深打动,也来到了南极。从 2010 年以来的 6 个春节,他有 4 个在中山站度过。12 月 20 号是王叔的生日,他说,自己很幸运来了两次南极,过了 4 次生日。"按照中国人的算法,算是六十大寿了。"

"这是人生最后一次来了,在这里能多待一天就是一天。我不仅是来贡献南极,也是来享受南极的。"

…………

我脑海中出现了这样一个问题：是什么样的力量，吸引这些人来到这里，经历了极地风雪的考验和远离故乡的寂寞，依然留恋这里？

在新主楼会议室的墙上，挂着中山站26年来历次越冬队员的合影。从第一次没有留下合影，只能用一块南极石及队员签名来表示，到由黑白变彩色、由模糊变清晰的图片记忆，我认真地看了每一张合影，试图寻找一些"蛛丝马迹"。

在第24次南极科考队中山站全体队员的合影旁，一首队员自己填的词《水调歌头·聚中山》吸引了我的目光，其词曰：

中山站新主楼会议室墙上越冬队员的签名与合影

人生如遨游，历练无尽头。探索极地奥秘，今日中山走。置身旷野地冻，躯挡白色沙流，聆极风似吼。恰似涂自影，唯由我昂首。

手相聚，心成团，言无短。共事餐眠，有缘筑得情在前。撑人字天地间，笑欢度日月年，此时群为先。情在中山留，万里聚中山。

"撑人字天地间，笑欢度日月年"——答案或许就在其中。

冰天雪地 03
"大会战"

队员刘杨抱着木板跨越冰缝的时候，突然一脚踩空，身体失去平衡，向左倾倒，眼看就要踩入冰缝……

2015年12月5日

到达南极，科考队面临的第一项要务就是——卸货。

卸货工作能否顺利、及时完成，将直接影响到科考站的生活物资能否顺利补给、科考队能否按时出发等，环环紧扣，任何一个环节出了问题，都会影响后面一系列工作。

战前动员，迎接硬仗

"27年前中国南极科考队第一次到达这里，今天我们又来了！今天的全体队员大会，我想传递给大家的信息是：中国第32次南极考察现场工作即将全面铺开！"

12月2日中午，在雪龙号多功能厅，气氛紧张而热烈。出海以来，中国第32次南极科考队第一次全体队员大会在此召开。领队秦为稼做了动员讲话，副领队孙波代表科考队布置卸货方案，下达各项部署，明确任务要求。

"中山站现场卸货工作是一块试金石，是对我们32次队团队作风、

组织协调、安全保障和行动能力的一次重要的实战检验。"秦领队说，中山站海冰卸货，是一项事关科考队全局的工作，也是一场非常重要而又相当艰巨的硬仗。

"中山站卸货时间紧迫，任务繁重，非常辛苦，希望大家一定要有充分的思想准备，面对可预见的和不可预见的各种困难要保持昂扬的斗志。从某种意义上讲，无论哪个国家，每次南极考察活动的组织实施都代表着人类挑战自然、挑战自我的一次实践，因此每位队员都要做好吃苦耐劳、不畏艰险的准备，都要以坚定的意志和坚韧的作风去投入。我希望全体队员积极行动起来，弘扬南极精神，投入安全、圆满完成第 32 次南极考察各项预定任务的难得而又伟大的人生历练中。"秦领队用一贯的激情感染着大家。

经过周密协商，科考队临时党委制定了科学的卸货方案。

任务十分明确——

完成昆仑队全部物资、格罗夫山队全部物资、固定翼飞机队全部物资和中山站度夏及越冬物资准备，并根据可能的条件积极将中山站部分集装箱运回雪龙号；

昆仑队和格罗夫山队在卸货 7 天后，完成物资集结，出发准备工作就绪；

固定翼飞机队物资卸运在 5 天内完成，随即开展机载设备科考试飞作业的准备工作；

中山站在完成物资卸运到站后，随即转入物资整理入库就位和科考站交接工作。

时间不容半点耽搁——

卸货工作必须准时完成，确保雪龙号按计划于 12 月 18 日，甚至力争提前从中山站启程执行下一航段的任务。

海冰探路，冰缝搭桥

探冰，卸货作战的第一步。

12 月 3 日上午，我们随同科考队领导上站慰问，中午吃完午饭，我被安顿在度夏楼的 101 房间。稍事休息，就再出发。副领队孙波、中山站站长老崔率领我们一行 9 人的探冰小分队，乘着两辆 PB300 雪地车、两辆履带式雪地摩托车，进行海冰探路。

探冰主要就是为了探明这 23 公里之间，有哪些冰缝、软雪带等不易

科考队员在"海豚"直升机上查看普里兹湾冰情

通过的危险地带，保证运送物资的雪地车的安全。在雪龙号到来之前，老崔带领中山站的队员们已经完成了前期工作。这次探冰，一辆雪地车后面还拖着一撬三四米长的厚木板，用来铺设需要跨越的冰缝。同时还带了雪铲、冰钻、长竹竿等工具。

这是我第一次坐雪地车，比想象中颠簸得多，发动机声音也非常大。我们3位记者和王叔坐在封闭的后车厢，几乎只能喊着沟通。王叔拿着手机，向我们展示这个冬天拍摄到美景，冰山、极光、企鹅、海豹，引起我们阵阵惊叹。

随着雪地车渐渐离开中山站，绕进冰山之间，我们也很快进入一片梦幻的冰雪世界之中。

透过雪地车模糊的玻璃窗，我看见天地四方已被淡淡的乳白色包围，远处的云与近处的雪依稀可辨，一座座蓝色的冰山横亘在眼前，冰山上融化断裂的纹路清晰可见。

我们迫不及待地打开头顶的天窗，不管冷风扑面，把头伸出去，一边拍照，一边享受这"冰雪奇缘"。我和身边的央视记者卢武开玩笑说，像不像掉进一部 3D 电影里？但是，那种真实和梦幻并存的体验，却是任何光影特技都无法形容的。像梦一样的真实！

　　雪地车大概走了半个多小时，停了下来，到达第一个冰缝。我跳下车，一眼望去没有发现雪面上有任何异常。走近一看，才发现大概三四厘米宽的一道缝隙。原来老崔他们前一段时间探路时就已经发现了，在冰缝旁边插了一个竹竿，竹竿上挂着一面黑色的旗子，作为标识。最近中山站连续降雪，现在雪已经把竹竿下半部分完全淹没了，只露出上面的黑旗。

　　这场大雪带来了海冰卸货的不确定性。整个普里兹湾的陆缘冰雪层厚度增加，由于重力作用，冰层位置被下压，海水可能通过冰层断裂部位的潮汐缝侵入。冰缝边，科考队员用雪铲铲开雪，然后通过冰钻往下一钻，发现雪层厚度已达到 70 厘米，再往下钻，海水就冒出来了，雪层松软，情况不容乐观。

测量雪层厚度

大家把雪橇上的木板卸了下来，搭在冰缝上，保证雪地车安全通过，这就是所谓的"冰上架桥"。

跨过这道冰缝，再往前行进 15 分钟时间，我们到达一处大冰缝，平均宽度目测有 30 多厘米。曲曲折折，一直蜿蜒延伸向远处搁浅的一座巨型冰山。

沿着冰缝，副领队孙波坐着雪地摩托车和部分队员一直向远处开去，想寻找冰缝最窄或消失的地方，开出去好久，但无功而返，冰缝根本看不到头。他分析，在这种巨型冰山搁浅的地方，海底地形比较复杂，容易产生大冰缝。

我想往前靠拍摄，立即被老崔叫住，说冰缝太大、小心陷落，至少要站到 1 米之外。用和之前同样的方法测量，雪层依然很厚，雪质依旧松软，情况仍然不容乐观。

这时，天空飘起了雪花，天色也渐渐暗了下来，虽然这里是极昼，但此时，太阳也隐入一片淡白色的天幕之中。

冰缝的远处隐约有一个小黑点，王叔说，那是一只海豹，冰缝附近经常有海豹出没。我兴奋地朝小黑点跑去，靠到了它跟前，大概只有两三米的样子。这可是一只极其肥硕的成年威德尔海豹。见我靠近，这个大家伙嘴巴不停地在雪地上啃着雪，鼻孔发出粗重的喘气声，显得有些警惕，

沿着冰缝探路

冰上架桥 　　　　　　　　　　　　雪地车空车通过木板桥驶过冰缝

然后吃力地调转身体，身体蠕动着向远处爬走了，身上一颤一颤的肥肉，简直就像一只黑色的大毛毛虫。第一次这么近距离，而且在天然的状态下看到海豹，我心里十分兴奋。

有点渴了，我们直接在雪地里，抓起一把雪，往嘴里一塞，当作天然纯净的"冰沙"。

过了一会儿，我们继续冰上架桥，我也放下手中的相机一起干活。木板非常厚实，搬起来非常沉，脚容易陷入雪中，冰缝又很大，大家都格外小心。

队员刘杨抱着木板跨越冰缝的时候，突然一脚踩空，身体失去平衡，向左倾倒，眼看就要踩入冰缝，身边的老崔和李航反应迅速，一把抓住，引起大家一阵虚惊。

在这个大冰缝上，我们总共搭了5块大木板。英勇的机械师姚旭，驾驶着雪地车试着从木板搭的桥上冲了过去。但是，这是在没有拉橇的空车状态下，木板能不能承受货物重量，大家心里还是没底。

在我们忙着搭桥的时候，雪也越下越大。不一会儿，天地连成一色，能见度急剧下降，分不清东西南北。搭完桥，我们就只能收兵回中山站。

惊险一幕 　　　　　　　　　　　　行进中的雪地车

惊心一刻，冰上一夜

12月4日白天稍作休整，晚上我们接到指令，从中山站乘坐直升机回到雪龙号，准备从雪龙号继续往中山站方向进行海冰探路。

此时，我国自主研制的极地全地形车已从雪龙号被卸运到冰面上。

领队秦为稼、临时党委副书记石建左、副领队孙波，以及央视记者卢武和我5人，乘坐极地全地形车，向着23公里外的中山站进发。后头，还有几辆雪地车，拉着若干装着货物的集装箱。我一看时间，已近凌晨1点。在南极现场工作，没有什么昼夜之分，一则是因为这里是极昼，天一直都是亮着的；二则是时间紧迫，一分一秒都不能浪费，否则就会错过窗口期。

一开始，冰面上的积雪还比较结实。但是，越往前开，雪面越来越软，雪地车履带吃雪深度越来越大。

开出去不到半小时，我们乘坐的极地全地形车越来越迟缓，发动机阵阵轰鸣，履带上卷起大量积雪。大家心里都有点没底了，要知道，车子行进在冰面上，冰面下可是数百米甚至上千米深的海水啊！

秦领队叫停车辆，从后座下车查看，刚跳下车，一脚就陷了下去，雪没过了膝盖，"糟糕，海水进来了，雪是软的"。

开车的师傅曹黔华加足马力，想要冲过这段软雪区。我坐在他的右侧副驾，感受到车头突然往上抬起，马上又栽了下去，履带开始空转，海水顿时涌了上来……

极地全地形车陷在软雪中等待救援

雪没过膝盖

　　"赶紧都下车！"听到呼喊声，我立即打开车门，右脚一脚踩下去，雪水顿时没过高帮的雪地靴，感受到了刺骨的冰冷。

　　全地形车陷在软雪中，只能等待救援了。

　　秦领队分析，今年普里兹湾的冰情与往年不太一样。原因是，过去几天连续降雪，使得海冰上覆盖厚厚的雪层，雪层的重量将海冰往下压，海水通过潮汐缝侵入，让雪与海水混在一起，雪层就像糨糊一样湿软。

　　不仅全地形车，后面跟来的雪地车也面临同样问题。由于集装箱里的货物有一定的重量，雪橇深深陷入软雪中，拉起来十分费劲。无奈只能开箱作业，打开集装箱，把其中的货物卸出，以减轻重量。虽是极昼，南极的夜晚气温仍然快速下降。下降风开始肆虐起来，大家都把"企鹅服"的帽子紧紧套在头上，抓紧干活。

　　南极内陆冰盖的近表层冷空气在重力作用下沿高原斜坡加速向下运动，形成下降风，风力十分猛烈。

极昼之夜

集装箱也深陷软雪

　　就这样，开箱、掏货、搬运，在寒风中，大家一直忙到上午8点才回到雪龙号，精疲力尽，深切体会到很多"老南极"常说的那句话：在南极只能靠天吃饭，人的力量实在太小了。

开箱卸货

全员出动，齐心协力

由于普里兹湾的特殊冰情，卸货方案必须做出调整。综合考虑各方面情况，科考队临时党委决定，此次卸货采取掏箱作业形式，化整为零，把物资装进网兜，通过直升机吊运至中山站。

中山站第一阶段卸货总重量达 582 吨，面对着艰巨的任务，科考队上下全员出动，打响了一场冰天雪地里的"大会战"。

12 月 5 日晚，天气转晴，卸货作业正式开始，全体科考队员各自分工、齐心协力。从科考队领导，到雪龙号船员，到昆仑队、格罗夫山队、固定翼飞机队、大洋队的所有队员，再到气象预报员、后勤保障队，每人都排定值班表，24 小时轮班倒，人休机械不休，人停进度不停。

雪龙号搭载的"雪鹰12"直升机双机组轮班飞行。从雪龙号到中山站，从雪龙号到内陆出发基地，8 天时间，挂载着货物的直升机频繁起降，共飞行了 30 架次，每个架次往返 5 至 6 趟，人和直升机几乎都达到了最大工作量，终于顺利完成了海冰卸货的任务。

卸货作业正式开始

庄严的交接 ○4

冰原埋忠骨，浩气励后人——这，正是最庄严的交接与传承。

2015 年 12 月 9 日

随着中山站卸货工作接近尾声，越冬队的交接工作便提上日程。

经过一年多的艰苦工作，18 名第 31 次科考队中山站越冬队员，至此已圆满完成越冬任务，他们中的 7 名越冬队员将继续留在中山站执行度夏任务或前往南极内陆。第 32 次科考队中山站度夏及越冬队员共 30 名，其中度夏队员 11 名，越冬队员 19 名。度夏队员将在未来的 4 个月时间里在中山站开展科学考察，而越冬队员将继续留在南极大陆，经受漫长冬季的考验，"留守"到 2016 年 12 月雪龙号再次抵达。

短暂的南极夏季过去之后，严寒和风雪将笼罩这里，太阳的光线将逐渐消失，从每年的 5 月底开始，中山站将彻底进入极夜状态，直到 7 月中旬之后，阳光才会重新回到拉斯曼丘陵，回到中山站。

越冬期间，队员们的工作不会停歇，他们将持续进行高空大气物理观测，地球磁场和电离层闪烁观测，固体地球物理观测，GPS 常年跟踪站观测和验潮，常规气象、海冰观测预报及卫星数据接收等各项工作。

风雪极夜，往往给科考工作带来独特的体验，比如绚烂的极光。

五星红旗在极地上空升起

　　12月9日下午，中山站新老队员交接仪式举行，中山站新老站长签署了交接清单。秦为稼领队首先对第31次科考队中山站越冬队员良好的工作表现表达敬意和谢意，并对第32次科考队中山站越冬队提出了希望。

秦为稼领队在中山站新老队员交接仪式上发言

107

随后，大家来到站外广场，举行升国旗仪式。东南极大陆边缘的拉斯曼丘陵，嘹亮的义勇军进行曲响起。新老两任中山站站长汤永祥、崔鹏惠徐徐拉动旗绳，新老队员整齐站立两侧，高唱国歌，目视五星红旗冉冉升起于南极上空。

第31次科考队的大部分越冬队员们即将告别坚守了一年多的中山站，此刻留恋之情溢于言表，纷纷合影留念。

"1，2，3！"队员们在老发电栋前腾空跳起，我为大家定格下这难忘的瞬间。此刻，透过镜头，他们胸前红色的国旗胸标格外耀眼，他们身后"祖国您好"的字样格外醒目，他们脸上带着一种完成使命的自豪感。

升国旗仪式

新老队员齐唱国歌　　　　　　　　　　　　结束越冬任务的科考队员合影留念

冰原埋忠骨

在庄严的升旗仪式后，还有一项特别的安排，秦为稼领队带领大家去看望一群特殊的"战友"。

大家来到位于中山站站区最北边的双峰山。在双峰山靠近海边的岩石上，有三块墓碑面北而立，下边是十几米深的悬崖和与双峰山遥相呼应的望京岛。所谓"望京"，就是"望北京"，眺望远方的祖国。

三块墓碑中，最早的一块立于1993年，青石碑上写着"高钦泉同志骨灰葬地"。

高钦泉，中山站第一任越冬队队长，是我国极地考察事业的开拓者之一。

1981年，国家南极考察委员会正式成立，高钦泉担任办公室副主任，

看望特殊的"战友"（穆连庆摄）

从那时起，他把自己全部精力投入我国的南极事业中。1985年1月，高钦泉前往南极大陆的美国比德莫尔营地，参加在那里举行的《南极条约》体系讨论会，并乘飞机抵达位于南极点的阿蒙森－斯科特站，他和同行的张坤诚教授是第一批到达南极点的中国科学家，他们首次把五星红旗升上了南纬90度上空，并把一个朝向北京的指向标插在了南极点上。

1985年11月，高钦泉担任中国第2次南极科考队队长，率领队员再次登上南极，完成了长城站建立后的一些后续工作。1988年底，他参加中国第5次南极科考队，赴东南极大陆建立中山站，并担任副站长，与队友一道，克服了冰崩、酷寒等常人难以想象的困难建起了中山站。极地号撤离后，高钦泉留下越冬，并担任越冬队队长。直到1990年2月，高钦泉和他的队员们在中山站度过了426个日日夜夜才撤离南极，踏上返回祖国的航程。

作为我国第一位在南极大陆越冬的队长，他付出的精力、体力和肩负的重担可想而知。由于长年在恶劣环境下工作，1992年10月，54岁的高钦泉因积劳成疾在北京病逝。1993年1月，根据高钦泉的遗愿，他的部分骨灰被安葬在中山站的双峰山，这个"老南极"长眠在他魂牵梦绕的南极冰原上。

第二块墓碑的主人罗迎难也是我国极地考察事业的重要推动者之一。他虽然没有直接参与极地科考，但参与起草并制定了我国海洋和极地的相关发展规划。在他的协调推动下，我国从乌克兰引进雪龙号，并将其改装为极地科考船。

与前两块墓碑不同，第三块墓碑上刻着12个名字，最上面是"缅怀南极先辈"六个大字。他们都是参与过中山站建设及南极科考的队员。

这些队员中，包括中国表演艺术家、中央戏剧学院副教授金乃千。

1988 年底，中国第 5 次南极科考队乘坐极地号起航。受邀出演我国第一部南极科考题材纪实电视剧《长城向南延伸》主要角色的金乃千，与其他 6 名主创人员随队出征。为真实反映科考队员的生活，已年逾五旬的金乃千不用替身，冒着严寒从浮冰上跳入冰海，还顶着 9 级左右的狂风卧雪爬行。第 5 次南极科考承担着建立中山站的重要使命，剧组成员

向南极先辈致敬（穆连庆摄）

同时也是科考队员，同样要参与队内工作。由于不具备抗冰能力，极地号曾被冰山围困 20 余天。金乃千不顾劝阻，坚持留守危船值夜班抢险。

"雪海翻腾冰山崩，白色魔鬼来势凶，笑尔扶摇三千尺，难阻中山迎日升。"金乃千在日记中这样写道。令人惋惜的是，1989 年 3 月 25 日，完成任务的他在回国途中因突发心肌梗死离世。金乃千的艺术生命，也永远定格在南极大陆。

这些队员中，还有一名技术工人盖军衔。

作为一名来自厦门厦工的机械师，盖军衔分别于 1995 年、1997 年、2004 年三度踏上南极大陆，从事机械保障工作，出色地完成了南极科考站的装载机、起重机、推土机、雪地车和发电机组的维修保养任务。

2005 年 1 月，在第 21 次南极科考期间，盖军衔作为内陆科考队员，同队员们一起向南极冰盖最高点冰穹 A 冲击。在距离终点只剩 50 公里时，盖军衔出现严重的高原反应，血压、心跳快速下降。他不愿意放弃，科考队为了确保他的生命安全，决定求助 1000 多公里之外的阿蒙森－斯科特站，因为他们有能长途飞行并可在冰穹 A 区域起降的固定翼飞机。当盖军衔被抬上阿蒙森－斯科特站的飞机时，他眼含热泪向队员告别，队友们含泪挥手送走盖军衔，开始了最后的冲刺。

2013 年 4 月，58 岁的盖军衔因病去世。这位技艺精湛、无私奉献的"大国工匠"，正是参加中国极地科考活动的中国工人的杰出代表。

按照中国人的习俗，大家把带来的烟、酒、水果、点心摆在墓碑前，秦领队带领大家脱帽向先辈们三鞠躬。

"请老高放心，我们一定会继承你们的遗志，把中山站越建越好。让祖国的南极事业，在我们手上能够发扬光大，代代相传！"话语中有一丝哽咽，却更显坚毅。

　　大家神情肃穆，有人虽戴着墨镜，但泪水早已流下脸颊。副领队李果胸前合掌，久久不愿离去，这位即将退休的中山站老站长知道，这或许是自己最后一次看望先辈和曾经的队友了。

　　中国人讲究叶落归根，而这些南极科考的先驱们，却选择长守在这万里之遥。在极地极夜极昼的地球尽头，长陪他们的是呼啸的暴风雪，是漫长的黑暗和凌厉的酷寒。

　　然而，他们并不孤独，每当中山站的灯光亮起，每当科考队员的欢声笑语响起，每当中国的极地科考船雪龙号的汽笛划破普里兹湾的冰海，尤其是当今年中国首架极地固定翼飞机"雪鹰"展翅拉斯曼丘陵的长空……伴着中国南极科考事业的捷报频传，长眠于此的先辈们应笑慰，应笑慰。

　　冰原埋忠骨，浩气励后人——这，正是最庄严的交接与传承。

向先辈们鞠躬（穆连庆摄）

错位时空的
万里连线

"悠悠天宇旷，切切故乡情。"身在天涯，如何能割舍那一份来
自万里之外的牵挂与惦念？

2016 **年** 春节前夕

他们，是科考队员，也是各自家庭中的父亲、儿子、丈夫。他们，
虽身在天涯，如何能割舍那一份来自万里之外的牵挂和惦念？

为此，我和同事们进行了一个特殊的新闻策划：由我在前方选定若
干有代表性的科考队员，拍摄其在南极现场工作的场景和对家人的春节
祝语；春节前夕，由我们后方的同事荣启涵、张紫赟到这些科考队员家
中走访，将我拍摄的视频播放给他们的家人看，以这种方式实现错位时
空的团圆。

采访时间：2015 年 12 月 14 日凌晨 1 点 30 分
采访地点：南极中山站度夏宿舍
采访对象：上海宝钢公司工人姜华

科考队中，有一名我印象深刻的工人，他叫姜华。

他来自安徽农村，或许是来过多次南极，常在户外工作，脸上晒得
黝黑，笑起来露出一排洁白牙齿。姜华为人真诚而热情，有什么事都喜
欢帮忙，大家都亲切地叫他"华仔"。

姜华在南极中山站附近的内陆出发基地。南极的紫外线非常强烈，一不小心就会把皮肤晒伤，长期露天工作，姜华涂上了厚厚的防晒霜

姜华在中山站内陆出发基地进行直升机吊运物资的摘脱钩作业

卸货那段时间，"华仔"天天盯守在内陆出发基地，负责直升机吊运物资的调度和摘脱钩工作。每一次直升机来时，"华仔"总能在巨大的下洗气流中稳稳穿梭作业，迅捷灵巧，紧凑的身材中仿佛蕴藏着惊人的能量。

12月13日晚，在中山站的出发送行晚宴上，看到我在采访姜华，姜华的室友、来自吉林大学的博士范晓鹏一把抱住姜华："'华仔'绝对是个好人。就说今天，都从内陆出发基地下来，大家都去澡堂洗澡了，只有'华仔'一个人在那，一个个给兄弟们剃光头。"

"在船上，我和'华仔'一个宿舍，'华仔'把我照顾得真是……他是内陆队最可爱的人！等他从内陆回来，一定再好好采访他。"借着酒劲，范博士这样吐露心声。

晚宴结束，我又来到"华仔"的房间，接着采访他。

我："要录一段你的视频，春节前传回你家里。有什么要对家里人说的吗？"

姜华："明天就要上冰盖，去昆仑站了，南极冰盖的最高点。我要感谢我的家人、我的老婆对我的支持。二女儿马上生日了，爸爸在南极祝你生日快乐。祝你天天开心，健康快乐每一天。"

我："为什么来南极？对南极什么感觉？"

姜华："我觉得南极是个特殊的地方，人和景都特别特殊，人特别地单纯，容易交往。很多事情你需要队友关心、队友帮助，大家都会齐心协力，尽自己最大的努力帮助对方。我感觉特别好。然后，我喜欢挑战自我，挑战极限。总之，在南极我很喜欢。"

2016 年 4 月 12 日，中国第 32 次南极科考队凯旋，姜华抱着来码头迎接的女儿（张建松摄）

采访时间：2016 年春节前夕

采访地点：安徽省广德市邱村镇芦塘村姜华家中

采访对象：姜华的家人们

屋外鞭炮声此起彼伏，厨房灶台上的锅里正卤着鸡。姜华的父母正在剁肉馅准备包饺子，父亲姜珍发指着桌上的茄子念叨："姜华最爱吃油焖茄子了，虽然他在南极工作，不能回来过节，但每年春节我们都会准备这道菜。"

姜华，32 岁，上海宝钢公司的一名工人。不过，这个工人不一般，他还是中国第 32 次南极科考队昆仑队队员。作为土木工，这已经是姜华第 6 次参加南极科考了，从长城站的改造扩建、泰山站的建立到昆仑站的收尾工程，都有姜华的一份力。

在科考队，大家都叫他"华仔"。昆仑队队员戏称，"'华仔'是内陆队最可爱的人"。他对人坦诚、热情，是自学成才的"南极理发师"，队员们的光头几乎都出自他的手。

117

姜华的妻子朱丽华说，自从 2009 年结婚以来，这是姜华因参加南极科考第 4 次不能在家过年。

如今，他们的大女儿已经 6 岁了，小女儿还不到 2 岁。由于工作，姜华陪伴她们的时间很少。几天前临睡下的时候，小女儿忽然指着墙上的照片大声喊："爸爸，下来！下来！"

说着说着，朱丽华眼圈红了。她说，唯一希望是姜华一周至少和她联系一次，让家里知道他安全。

采访时间：2015 年 12 月 14 日凌晨 2 点 30 分
采访地点：南极中山站度夏宿舍
采访对象：中国科学院寒旱所冰冻圈科学国家重点实验室副研究员李传金

李传金（左一）在昆仑站冰芯房里工作，这里温度接近零下 50℃（胡正毅摄）

李传金在南极昆仑站进行冰芯钻取作业，由于零下几十摄氏度的低温，呼出的气冻成了冰碴子

我："这几天在内陆出发基地都忙些什么？"

李传金："直升机从雪龙号吊来的各种物资在出发基地的雪面上散落着，我们需要把它们一件件从吊运的网兜里搬出来，然后收拾整齐，为上橇做好准备。这项工作最困难的部分是将油桶从网兜里滚出来，一百多公斤的油桶在雪地里滚起来可不那么容易，好在内陆队的弟兄们都能打硬仗，还是很快完成了任务。"

我："马上要出发去内陆了，有什么想对家人说的？"

李传金："老爸老妈、老婆，我们今天刚刚从出发基地回到中山站，休整一天，明天就要上去继续组装我们的物资，准备后天一早就出发去内陆了。今年是我第二次不能在家里过年，不能陪你们了。女儿还比较小，今年又经常生病，家里辛苦老爸老妈和老婆了，你们多保重身体！我明年4月份就回到国内了，到时候我会加倍补偿你们的，尽量多干家务，给'熊猫'（女儿乳名）带她想要的礼物。"

我："想对'熊猫'说什么？"

李传金："'熊猫'，爸爸在南极很想你，爸爸从来就没有在心里把你放下，爸爸一直非常爱你。你在家里一定要乖乖的，听爷爷奶奶和妈妈的话，做个乖孩子，不要让爷爷奶奶和妈妈生气，照顾好妈妈。爸爸相信你是非常棒的，一定能做到！"

采访时间：2016 年春节前夕
采访地点：甘肃省兰州市李传金家中
采访对象：李传金的家人们

兰州冬日寒风刺骨，郭瑞把家里收拾得温暖整洁，为了哄女儿开心，墙上特意贴了两只可爱的小猴子。而此刻，她的丈夫——中国科学院寒旱所冰冻圈科学国家重点实验室 34 岁的副研究员李传金刚刚结束内陆科考，返回中山站。

师兄与师妹的故事，是校园恋情里经久不衰的"曲调"。一起在中国科学院读书的李传金和郭瑞的故事，也是这样一段佳话。2009 年两人喜结连理，2012 年有了可爱的女儿"熊猫"。

"因为李传金长得像熊猫，女儿从内到外都像爸爸，我就给她起了这个乳名。"郭瑞怀里揽着女儿，满眼笑意。

"熊猫"出生后两个月，李传金就参加了中国第 29 次南极科考队远赴南极。那次科考，他与团队一起成功完成了深冰芯取芯钻探工作，标志着中国第一个深冰芯钻孔正式在南极冰盖最高点开钻。

等返回家中时，孩子已经 8 个多月大了。半年没见女儿的李传金扑上去要抱"熊猫"，却把孩子吓得哇哇大哭。

"因为是同行，或许更能理解他。"可是郭瑞说，心中总难免有些辛酸。

看着我们从远方带来的南极连线视频，"熊猫"很兴奋，这是她第一次看到爸爸工作的场景。

"熊猫想不想去南极啊？"

"想，想和爸爸去。""熊猫"抱着爸爸买给她的毛绒玩具，使劲点头。

古人说，父母在，不远游，游必有方。"悠悠天宇旷，切切故乡情。"告别父母妻儿，南极人行至极远之方，与亲人天各一方，却有一种力量穿越时空，神奇地将分别的人们瞬间连接。

李传金爱人郭瑞、女儿"熊猫"和岳母在看"连线"李传金的视频

勇士出征　06

天空出奇地澄澈，宇宙的射线刺痛人的皮肤，来自一万多公里之外的中国大鼓，被敲响铿锵的节奏，这群东方勇士挺立在天地之间，毅然望着远方。

2015年12月15日

12月15日，内陆队队员在五星红旗前集结，准备向南极内陆进发

你置身于历史，你往往不知不觉。

这是一个国家的荣耀，这是一群勇士的出征。

南极中山站时间12月15日11点18分，在距离中山站东南10公里处的内陆出发基地，一场送别勇士出征的仪式在此举行。

秦为稼领队宣布出征令

　　"现在对表，11点18分整。"特殊的时刻，是为了铭记一个特殊的日子。2014年11月18日，习近平总书记登上雪龙号，给了这群南极勇士以热切鼓励和殷殷期望。

　　"报告领队，昆仑队准备完毕，请指示！"

　　"报告领队，格罗夫山队准备完毕，请指示！"

　　"出发！"

　　随着秦为稼领队向两支内陆队——昆仑队和格罗夫山队宣布出征令，38名科考队员兵分两路，向南极内陆进发。

　　"南极内陆考察从来都意味着艰险和探索。相信昆仑队金波队长、格

准备出发的车队   高唱国歌

罗夫山队方爱民队长能够率领你们的团队，克服各种困难，安全圆满完成任务。"这位18年前中国首支南极内陆科考队队长的豪迈气概未减丝毫。

"前进！前进！前进进！"义勇军进行曲响彻冰原上空，前方是无尽的冰封雪裹，天地一线，是人类探索未知、突破自我的极限。

此刻，在地球的底部，天空出奇地澄澈，宇宙的射线刺痛人的皮肤，地面的冰雪胜过白云的白，来自一万多公里之外的中国大鼓，被敲响铿锵的节奏，这群东方勇士挺立在天地之间，毅然望着远方。

他们隆重地在五星红旗前集结，他们放开嗓门高唱国歌，他们兴奋地爬上雪地车顶竖起大拇指，他们把队友高高抛起，他们尽情地合影留念、拥抱告别。

这是出征的时刻，需要让胸腔中所有的情绪，彻底释放。

他们来自五湖四海各行各业，有冰川学家、地质学家、地球物理学家，有教授、研究员、博士生，有机械师、厨师、医生，有"50后""70后""90后"，为了一个共同的目的，风云际会，汇聚于此。

把队友高高抛起

敲响中国大鼓 目光坚毅，向着远方

　　昆仑队由 28 名队员组成，他们将深入南极内陆 1200 多公里，从海平面边缘开始，艰难跋涉，跃升 4000 多米，于来年 1 月上旬到达南极冰盖之巅——海拔 4093 米的冰穹 A，和矗立其上的中国南极昆仑站。巍巍昆仑，阅尽极地风光。

　　冰穹 A（DOME-A），位置为南纬 80 度 22 分 51 秒，东经 77 度 27 分 23 秒，距离南极中山站 1250 公里，是南极内陆冰盖海拔最高的地区，气候条件极端恶劣，被称为"不可接近之极"。

　　他们将在昆仑站和行进途中，开展深冰芯钻探、冰盖断面冰川学考察、冰盖浅层结构及表面形态观测、天文望远镜维护和数据回收、考察测绘与大地测量等科考项目。

授旗

格罗夫山队由 10 名队员组成，他们将与昆仑队并肩同行 464 公里后分开，然后继续前行 100 多公里，穿过重重冰缝，到达平均海拔 2000 多米的格罗夫山地区。那里美若人间仙境，又暗藏凶险。

他们将在格罗夫山开展冰下地形探测、天然地震观测、野外地质调查和采样、冰盖进退及古环境调查等科考项目，还将首次用无人机进行陨石搜集工作。

中国第 32 次南极科考队的领导成员和来自中山站、大洋队、雪龙号的科考队员代表专程前来送行，为深入内陆的勇士们递上壮行酒，与他们拥抱告别。

临别之际，秦为稼领队再次把昆仑队的金波队长、格罗夫山队的方爱民队长叫到一块儿，叮嘱内陆工作的注意事项，并给两位队长各送了一样东西：送给金队长一把莱泽曼工具刀，寓意当断则断；送给方队长一个望远镜，寓意登高望远。

科考队员前来送行 　　　　　　　　　　　　　　干了这碗壮行酒

03　南极！南极！

出发时刻已到，勇士登车，雪地车的发动机发出阵阵轰鸣。车队齐头排开，头车高挂着国旗率先出列，一马当先。鲜红的五星红旗迎风猎猎招展，在皑皑冰雪的映衬下，格外醒目。

　　后车陆续出发，一字跟进。11辆雪地车，拉着39个雪橇，雪橇上拖载着生活舱、发电舱、科考舱、乘员舱和油料、科考设备、生活食品等物资。队伍浩浩荡荡，在送行队友的目送中，向茫茫冰原深处挺进。

　　在接下来的两个多月中，这些勇士们将要面对极地酷寒、暴风雪、白化天、冰缝、软雪带、高原缺氧等种种考验，完成预定科考任务后，于来年2月下旬回到中山站。

　　"好样的！""一路保重！""等你们凯旋！"

告别的时刻

出征车队向内陆进发

对讲机中，孙波副领队叫出每一位内陆队队员的名字，最后叮嘱。

——10年前，从这里出发，他与12名队友一起，抵达被称为"不可接近之极"的南极冰盖最高点冰穹A，实现了人类首次从地面进入冰穹A的壮举。

车队渐行渐远，秦为稼领队目送到最后。

——18年前，从这里出发，他率领中国首支南极内陆冰盖野外考察队，第一次向这片冰雪大陆的腹地挺进了330多公里。朝着冰穹A的方向，标出了中国人自己的南极路标，DT001，DT002，DT003……

如今，勇士的精神依然不灭。火炬，又传到新一代人的手中。

1997年1月18日至2月1日，由8名队员组成的中山站内陆冰盖野外考察队，进行了中国首次内陆冰盖考察，向南极内陆腹地挺进了330多公里。

2005年1月18日，中国第21次南极科学考察内陆科考队，成功登上南极内陆冰盖最高点冰穹A，人类历史上首次从陆路抵达"不可接近之极"。

2009年1月27日，我国首个南极内陆科考站——中国南极昆仑站在冰穹A地区正式建成，站区高程4087米，巍巍"昆仑"屹立南极冰盖之巅。

03 南极！南极！

天堂的模样 07

"欢迎来到地球底部（the bottom of the earth）。"

2015 年 12 月

凌晨，南极普里兹湾，极昼的阳光穿透云层放射出耀眼的光芒

"**地**球底部"，这是南极诸多代名词里常用的词汇。作为地球上唯一的"三无大陆"（无原住居民、无高等植物、无领土主权），在漫长的历史时期，南极一直消隐于人类的活动范围之外。

两百多年前，随着航海技术的发展，西方探险家的船队冲破冰雪纷至沓来；一百多年前的 1911 年 12 月 14 日，挪威极地探险家阿蒙森首次到达地球的最南端，踏足那个所有方向都是"北方"的南极点，那个全世界汇集为一点的地方。

如今，人类可以直接乘飞机飞抵南极点，美国已经在那里建立了常年科考站阿蒙森 - 斯科特站，包括中国在内的许多国家，已经有了万吨级破冰船，可以安全穿越西风带，一路破冰直到这片大陆的边缘。

南极的神秘面纱一点点被揭开，似乎逐渐失去笼罩其上的神秘光环。然而，在我看来，这片人类最后踏足的土地，对我们的意义不在于一种"征服"，而是一种"提醒"。不管是从哲学的层面，还是从科学的角度，通过南极，人类应该更好地认识地球，认识我们自身。

最空旷的大地上，蕴藏着最深邃的美。正如这片大陆被厚厚的冰雪所覆盖，这里冰雪的主要组成就是最单纯的水。它的美丽和魅力，不在于繁复和涂饰，而在于单纯。一个东西单纯到极致，就会令人感动。

大化无言，庄严静穆。当你站立在搁浅万年的冰山面前，当你躺在海冰之上想象着身下的冰海，当你触摸着被冰川和狂风剥蚀得千疮百孔的石头，甚至当你被这里可爱的企鹅和海豹"萌"到的时候，在短暂的"猎奇"心理得到满足之余，还需要多一分"敬畏"。

就像神话中的天堂，梦见它，需要神圣的信仰。

这是雪龙号进入南极浮冰区后拍摄的景象——"地球是圆的，大陆偏移"

南极圈的黄昏落日，波光粼粼的海面上漂浮着冰山，飞鸟翱翔

一束天光照射在海面浮冰之上   世界尽头的景象

时而有鲸鱼露出海面

一座座搁浅的冰山

1 冰山是南极的标志，在白色的世界中，万年蓝冰依然醒目。科考队里的冰川学专家说，这样一座巨型冰山，可能已搁浅在此上万年

2 当一个东西单纯到极致，就会令人感动

3 站在冰山之前，人会顿时产生一种肃穆感

4 在那些冰冻的水里，藏着的是以万年为单位的气候纪年。而人，是如此渺小

5 这里的雪有时会让人想起那种特别纯的冰淇淋，有爬上去咬一口的冲动

	1	
	2	3
4	5	

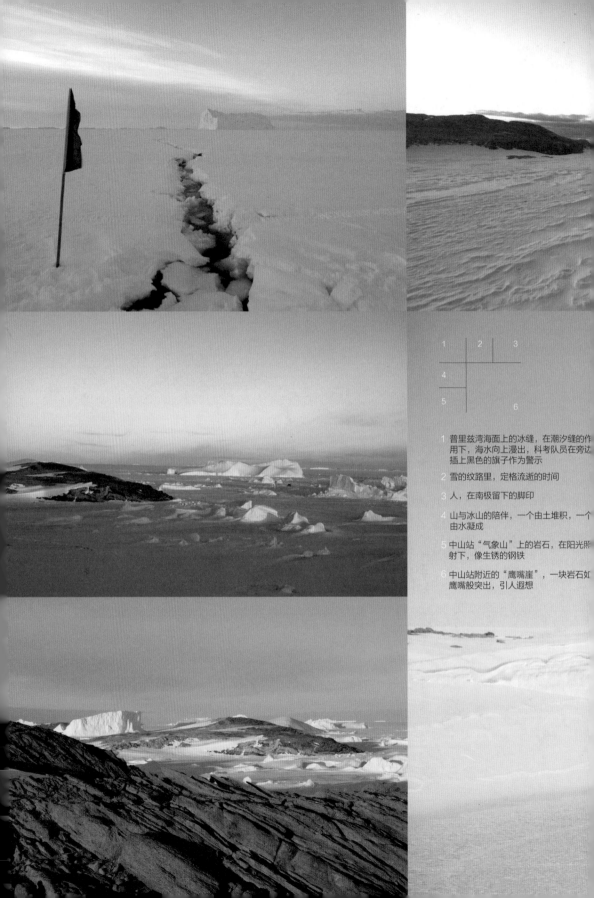

1	2	3
4		
5		6

1 普里兹湾海面上的冰缝，在潮汐缝的作用下，海水向上漫出，科考队员在旁边插上黑色的旗子作为警示

2 雪的纹路里，定格流逝的时间

3 人，在南极留下的脚印

4 山与冰山的陪伴，一个由土堆积，一个由水凝成

5 中山站"气象山"上的岩石，在阳光照射下，像生锈的钢铁

6 中山站附近的"鹰嘴崖"，一块岩石如鹰嘴般突出，引人遐想

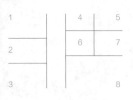

1 这是距离中山站 10 公里处的内陆出发基地
  上，向海面眺望的景象

2 中山站附近的"莫愁湖"开始融化，映出"气
  象山"上的风景。莫愁莫愁，寄托了多少
  在天涯海角的科考队员的乡愁

3 中山站附近陡峭的"俄罗斯大坡"

4 如飞碟般飘浮于冰原上的中国泰山站（胡
  正毅摄）

5 雪地跋涉

6 南极的岩石经过千百万年冰川和狂风的侵
  蚀，呈现出千奇百怪的姿态。千疮百孔，
  像不像枯槁的树木？

7 极昼：这是午夜 12 点的中山站，今夜阳光
  灿烂！

8 中山站附近的冰盖机场，在飞机起飞前，
  一辆雪地车在进行跑道平整

自在的生灵 08

千万年来，它们生活在这片冰雪大陆之上，自由自在，自足自为。

2015 年 12 月 15 日

活泼的企鹅

在南极的生灵中，企鹅和海豹是最具代表性的两种。千万年来，它们生活在这片冰雪大陆之上，自由自在，自足自为。

这是它们的世界，作为外来者的人类，或许带来了片刻的"热闹"，但也要自觉划清自身活动的界限，留给它们永久的安宁。

爱凑热闹的企鹅

企鹅绝对是爱凑热闹、爱围观的家伙。与"闯入"它们地盘的科考队员之间，可谓"相看两不厌"。

"偷懒"的海豹

登上南极的环保守则

拉下窗帘。国际南极旅游组织协会建议，当船只在南大洋夜航时，应减少甲板上的照明灯、降低光亮度，并拉下窗帘。因为船上明亮的灯光会令夜间飞行的海鸟迷失方向，以致在甲板上着陆。

带走垃圾。极度寒冷的环境下，有机物的分解速度极为缓慢，所以如果对垃圾处理得不小心，垃圾就会变成污染，危害南极生态环境。

洗涤鞋履。来自世界各地的旅行者很容易将细菌、种子、泥泞、碎屑等外来有机物带到南极大陆，而改变南极生态，因此在登陆前要清洁衣物、鞋履和手提装置。

在中山站附近，常见两种企鹅，一种是帝企鹅，一种是阿德利企鹅。帝企鹅是企鹅中的王者，它们块头最大，身材也最肥硕，行动起来不紧不慢、"雍容大度"。相比而言，小个子阿德利企鹅就活泼可爱多了。

经常是科考队员们正在冰面上忙得不可开交的时候，不知从什么地方，突然出现了一群"阿德利兵团"。"带头大哥"一马当先，蹦蹦跳跳来到我们跟前，先保持一定安全距离，左顾右盼、张望一会儿，侦测完"敌情"，确认一切安全之后，就招呼着身后的小伙伴向前"冲刺"。

它们有时站立着，双脚左摇右晃地一路小跑，有时直接来一个俯冲，用便便大腹顶着洁白柔软的雪面快速向前滑行。如果你假装不在意它们，这些小家伙就会更加"肆无忌惮"地向你围拢过来，发出鹅一样的叫声，像是在向你打招呼。此时，你就会看到它们腹部白得冰清玉洁、背部黑得晶莹透亮的羽毛，这大概是因为它们天天在这纤尘不染的冰雪世界里洗澡和游泳的缘故吧。

而当它们对你失去兴趣，转身离去的时候，看着它们的背影，像极了穿着燕尾服的小绅士；有时单独一个在夕阳中散步，又像是若有所思的"少年维特"；有时一排排、一列列整齐地从你眼前走过，又仿佛秩序井然的急行军。

一只帝企鹅从停泊于南极普里兹湾的雪龙号前走过

帝企鹅与雪龙号合影

俯冲前行，便便的大腹就是最好的滑板

我们来凑热闹啦！

保持好队形

冰缝边的"侦察兵"

风雪之中的单脚独立

最是回眸的那一瞬间

仰天长啸

左顾右盼

三人行，穿着燕尾服的小绅士

人与企鹅——"相看两不厌"

对齐合影

黄昏中的"阿德利兵团"

对齐合影

爱睡懒觉的海豹

不少中山站的越冬队员告诉我，海豹的叫声是他们在南极听到的最美妙的声音。在陆地上，它们的叫声像是温顺的小绵羊，而在海中，又像一种高频率的声呐，甚至不像是动物的声音。

在空旷的冰雪世界中，听到一群"绵羊"的呼唤，一些队员也会情不自禁地模仿着叫上几声，作为人与动物之间和谐友好的回应。

一到中山站不久，第31次科考队中山站越冬队员刘杨就热情地带我去中山站附近的熊猫码头去看海豹。站在熊猫码头的小山丘上，向不远处望去，一群黑色的物体，星星点点，错落分布在洁白的冰面上，耳边不时传来一片"绵羊"的叫唤声。

据说，海豹一天大部分时间都是用来睡觉的，绝对是爱睡懒觉的家伙。时值南极初夏，冰雪未消，极昼的温和阳光洒在冰面上，为刚刚经历了一个冬天风雪的海豹们带来了些许暖意。

它们在冰面上躺成了一片，消磨着夏日午后的时光。趴着的、侧卧的、仰天发呆的、扭曲成S形的，什么睡姿都有，有的静静独处，有的相互依偎，总之怎么舒服怎么来。当你走得很近了，它们才察觉到，恍然抬起头来，睁开惺忪的睡眼望着你，好像在说："不能再近了，再近我就要跑开了。"

有经验的越冬队员告诉我，在中山站附近常见的威德尔海豹是比较温顺的，其他如豹海豹、象海豹都比较凶猛。所以，为了保证安全，也为了不打扰它们，还是要保持一定的安全距离。"可远观而不可亵玩"，就让这些家伙好好地在冰面上睡大觉吧。

11 月 29 日，雪龙号进入浮冰区后，我见到的第一只海豹

中山站熊猫码头附近的海豹

1		5
2	3	6
4		

生也无涯：南极行思录

150

1 中山站熊猫码头附近的海豹群，洁白的冰面上，黑色的星星点点就是它们
2 日光下卧冰而眠
3 悠闲时光里的相互依偎
4 一只贼鸥静悄悄地走过
5 传说中的睡美人的姿态
6 初见世界的眼睛

04

雪龙环球记

从地球上一个点出发，一路向西，不走回头路，最终又回到原来的地方，我们有幸亲身证明了一次麦哲伦500年前证明过的命题——地球是圆的。

普里兹湾的午夜 和南大洋的冰涌

01

海上本没有航道，船的方向就是航道。

2015 年 12 月 24 日

12 月 15 日，雪龙号停泊于中山站附近的普里兹湾，即将启航

送别两支南极内陆科考队后，12 月 15 日当天，雪龙号就从普里兹湾出发，开始了环绕南极大陆的航行。

下午五点半，"钢铁巨龙"从陆缘冰区缓缓转身，向北偏西方向行驶。中国人的习俗是"上车饺子下车面"，启程晚宴并没有按套路出牌，特地给队员们准备了从澳大利亚补给的海鲜和冰淇淋，寓意一趟甜美的行程。

船行不久，大家突然听到飞机的轰鸣声，纷纷跑到甲板上。原来，"雪鹰"来了。

从中山站飞来的"雪鹰601"固定翼飞机，绕着雪龙号低空盘旋了好几圈，向即将远行的雪龙号致意。极地天空下，一幅依依惜别的场面，不禁令人想起那首著名的《赠汪伦》："李白乘舟将欲行，忽闻岸上踏歌声。桃花潭水深千尺，不及汪伦送我情。"

此情此景，除了惜别，更生出几分自豪来。如今，"雪龙"有了"雪鹰"为翼，中国南极科考终于有了自己的固定翼飞机，可以"或跃在渊"以至"飞龙在天"了。

驶离浮冰区，雪龙号很快就进入了普里兹湾的清水区。水面平静如镜，午夜的海风轻拂，海平面上是永不落的极地太阳。此时，一整片巨大的乌云压过头顶，几乎将天空全部遮满，犹如科幻电影中降临地球的外星人巨舰。

天空无日无夜，工作也是无日无夜。

凌晨时分，雪龙号到达预定海域，科考队的大洋作业随即开始。这次的任务是回收锚碇式潜标。这是一种海洋研究的先进装备，一般由浮球、声学多普勒海流剖面仪、温盐深测量仪、沉积物捕获器、沉积物释放器和锚碇装置等部分组成，在被投放至预定海域之后，通过底部重块的作用，会悬浮在海水中，长期记录海水剖面的温度、盐度、流速、流向、溶解氧、叶绿素以及物质垂直输送通量等数据。

从2010年以来，我国已在普里兹湾海域连续布放了5套锚碇式潜标。大洋队的队员们通过雪龙号装载的吊车下降到海面，成功回收了前一次

科考队科考期间在此布放的锚碇式潜标系统，采集了2015年2月至12月期间极为珍贵的13个沉降颗粒物样品。

　　这些样品有什么研究意义？这个项目的现场执行人、国家海洋局第二海洋研究所研究员潘建明给我进行了一番科普。

　　他介绍，南大洋面积约占世界大洋总面积的20%，在全球气候系统和物质循环中至关重要。南大洋在全球碳循环过程中占有重要地位，其吸收的二氧化碳约占全球海洋吸收二氧化碳量的30%，是二氧化碳的重要碳汇区。同时，南大洋海冰的季节性消长是全球最显著的季节性循环，其冰缘区浮游植物的旺发贡献了15%的南大洋净生产力，其中75%的生产力与当年冰有关。

12月16日凌晨，普里兹湾，科考队员通过雪龙号上的大吊车，在船舷边回收锚碇式潜标

锚碇式潜标被顺利吊出海面

按照传统划分，太平洋、大西洋和印度洋一直延伸到南极洲，环绕南极大陆北边的这块海域不被视为独立的大洋。但在研究者看来，这片海域有明显的独特性。南大洋的大部分海水，比它北边海洋的海水更冷、盐度略低，并被一个自西向东快速移动的环极洋流所包围，将其与北方的海洋水域分开。它像一个地球海洋的"传送带"，将新鲜而富有营养的海水提供给全球海洋和世界各地；同时，其底部冰冷而又浓密的海水对控制全球变暖或起到一定的辅助作用。其实从 2000 年起，南大洋这个名称已经在海洋研究领域被广泛使用了。2021 年 6 月，美国国家地理学会宣布，环绕南极洲周围海域将被称为"南大洋"（Southern Ocean，也称南冰洋），并正式承认其为地球第五大洋，收录在世界大洋科普书中。

"本次所获得的数据，为量化普里兹湾有机碳的生产、输出以及再循环效率，估算初级生产的季节变化，从而为评估南大洋碳循环变化对中、低纬度碳循环的影响，以及海冰变化对初级生产的影响提供翔实证据。"潘建明说。

　　地球是圆的，是一个充满着奇妙而完美关联的整体系统。一只亚马孙雨林中的蝴蝶偶尔扇动几下翅膀，就能引起北美的一场风暴。今天，我们习惯成自然的生存环境，有多少受我们还陌生的南极和南大洋所影响、塑造乃至决定？

12月24日，雪龙号航行在南大西洋的一处完整成片的浮冰区

　　从普里兹湾出来后，雪龙号自东向西穿越南大洋，向南极半岛方向航行。很快，雪龙号进入高纬度浮冰区，我们遇见了"浮冰涌浪"的奇观。

　　正所谓"表面风平浪静，实则暗流涌动"。因被密集浮冰覆盖，海面没有了浪花飞卷，更显出涌浪的形状和力量。天空笼罩在白色薄雾中，船身随涌上下起伏、左右摇摆，海平线晃动了，海天之间似乎失去了基准。

　　雪龙号向前推开浮冰，船身不断发出钢铁与坚冰撞击的沉闷声响。而当浮冰逐渐密集，连成一望无际的一片，大海成了无垠冰原。刺耳的碎裂声中，船首正前方，海冰让出一条通道来，延伸向远方。

　　海上本没有航道，船的方向就是航道。

04　雪龙环球记

内陆来信 02

这封珍贵的南极内陆来信，生动描绘出了中国南极内陆科考勇士们的风采。

2015 年 12 月 27 日

南极内陆行车（史贵涛摄）

雪龙号自东向西环绕南极大陆航行，接近位于南极半岛的长城站时，中国第 32 次南极科考队的一支内陆队——昆仑队也即将到达南极冰盖之巅。

12 月 27 日晚，我在雪龙号上收到昆仑队队员刘博文通过铱星通信发来的一封电子邮件。此时昆仑队已到达接近南纬 80 度的位置，通信十分不便。这封珍贵的南极内陆来信，生动描绘出了中国南极内陆科考勇士们的风采。

挺进南极内陆上千公里

"12 月 26 日傍晚，第 32 次科考队昆仑队在距离中山站 1023 公里处扎营，标志着本次昆仑队成功挺进内陆 1000 公里。"刘博文写道。

2005 年 1 月，在第 21 次南极科考期间，我国 12 名内陆科考队员第一次抵达被称为"不可接近之极"的南极冰盖之巅——海拔 4093 米的冰穹 A，实现了人类首次从地面进入冰穹 A 的壮举。2009 年 2 月，我国首个南极内陆科考站昆仑站正式开站，站区高程 4087 米。

2005 年 1 月 18 日，中国第 21 次南极科学考察内陆科考队成功登顶南极冰盖最高点冰穹 A（极地办资料图）

昆仑队车队行进中（胡正毅摄）

从此，登顶冰穹A，抵达矗立其上的昆仑站，完成深冰芯钻探、冰川学考察等科研工作，已经成为历次内陆科考队的任务。

12月15日，28名昆仑队的勇士从中山站附近的内陆出发基地出征，乘9辆雪地车，拉着33个雪橇向茫茫冰原深处挺进，队伍浩浩荡荡。

经过10多天的艰难跋涉，他们经受住了白化天、暴风雪等恶劣天气，软雪带、雪丘密集区等特殊地形的考验。截至发邮件时，他们距离目的地只剩下240公里,已经从接近海平面的出发基地跃升至海拔3300米处,顺利扎营。

机械师在车底维修雪地车（姚旭摄）

"茫茫雪原上一道温暖的风景"

昆仑队的行进还算顺利，但在南极内陆，考验在所难免。

据刘博文介绍，26 日早上出发不久，一辆雪地车突然出现故障，右边履带内侧的液压油管不断喷油，必须更换。机械师只能钻进车底作业，而此时管道中泄漏的液压油不断滴到他们身上。由于车底空间狭小，他们的手很难灵活操作，工具传递都十分困难。

"加上海拔已经达到 3300 米，氧含量已经非常低了，只要稍微作业一会儿，就会气喘吁吁。"刘博文写道。

更令人难以忍受的，是冰雪高原的酷寒。"为了顺利拆卸掉接口处的螺丝，机械师毅然摘掉手套。在零下 30℃的环境下，赤手作业不用 1 分钟，就会感到钻心疼痛。但是，我们的机械师在车底下赤手作业持续了至少 5 分钟。当机械师从车底钻出来的时候，双颊冻得通红，牙齿紧紧地咬在一起,双手已经无法弯曲。其他队员见状,赶紧摘下自己的手套为他们戴上。"

除了冷,还有"暴风雪故乡"的刺骨寒风。

邮件中这样形容:"当时风非常大,吹得裸露的皮肤刺痛无比,许多插不上手修车的队员自发围绕在雪地车的周围,站成一圈替机械师挡风。这一幕,构成了茫茫雪原上一道温暖的风景。当车修理完毕,时间已经过去了两个小时。"

队员们为修车的机械师挡风(胡正毅摄)

昆仑队队员在行进途中进行表层雪取样(潘曜摄)

穿越"鬼见愁"，面临"锅底"考验

25 日，就在雪地车出故障的前一天，远在南极内陆的昆仑队遭遇了白化天。

所谓白化天是指阳光在冰面和低空小雪粒间来回反射，形成一种被乳白色光线笼罩的环境。遭遇白化天后，天地间浑然一片，人仿佛融入浓稠的牛奶里，看不清景物，难以辨别方向，目视容易产生错觉。

白化天行（胡正毅摄）

刘博文在邮件中介绍，当天一早，气温零下 29℃，能见度不足 50 米，但昆仑队还是按时出发，向"鬼见愁"地区挺进。

"鬼见愁"地区是指距离中山站 800~1000 公里的一片区域，地形复杂多变，有许多雪丘雪垄，垂直高度可达 2~3 米，雪地车在这一区域行驶时非常颠簸，容易发生各种事故。

暴风雪中的内陆车队（胡正毅摄）

"好在这一路有惊无险，待到傍晚停车扎营的时候，大家纷纷下车，有的队员手揉着肩膀，有的手撑着腰，有的手拍着屁股，却又都笑着问别人，'今天刺激么？'只是到了晚餐时间，有的队员因为晕车而没了胃口。"

幽默、乐观、自信、坚强，充满这封南极内陆来信的字里行间。

"昆仑队克服困难，勇往直前挺进内陆1000多公里，说明这支内陆队是能打硬仗的队伍。"看完这封南极内陆来信，副领队孙波表示。这位10年前中国首次登顶南极冰盖之巅的科考队员说，昆仑队的勇士们接下来要面临最后一个挑战。

"他们要过最后一个'锅底'——形状像锅底，起伏可达30米的洼地地形。沿途有3个'锅底'，他们即将到达最后一个，也是最容易陷车、侧翻的地方，这是极大的考验。"孙波说。

穿越"锅底"，前面就是昆仑，就是南极冰盖之巅。

作为中国古代"四大发明"之一指南针始祖的司南，被安放在南极冰盖
之巅，多么具有象征意义。

2015 年 12 月 30 日

航行在南极半岛海域的雪龙号，为了配合大洋队的科考作业，走走
停停。此处距离长城站仅仅 600 多公里，海域风浪还算平静，从
附近拉森冰架上崩裂的冰山在西风的作用下，不断向我们飘来，奇形怪状，
美轮美奂，给负责航行的船员带来十分警惕，却给喜欢摄影的队员带来
无限惊喜。

船时 12 月 30 日早上 9 点多（北京时间晚上 9 点多），有人敲我房门，
我以为谁又看到什么冰山奇观叫我去拍照。打开门一看，是秦为稼领队。

这位"老南极"很淡定地说："昆仑队到了。我叫他们找了个'能说会道'

这是中国第 32 次南极科考队昆仑队 28 名队员顺利抵达昆仑站后，通过铱星
通信发来的一张珍贵合影。左边是一整块昆仑玉，右边是一个中华鼎

昆仑站的中华鼎（胡正毅摄）

的，你可以打个铱星电话过去，采访一下。"

12月15日，中国第32次南极科考两支内陆队昆仑队和格罗夫山队从中山站附近的内陆出发基地一起出发，向南极腹地挺进。行程600公里的格罗夫山队已于21日顺利抵达格罗夫山西部地区，扎营在海拔2061米的1号营地，已经开展了多日科考作业。昆仑队的行程更远，超过1200公里，目的地是南极冰盖最高点，海拔超过4000米，能否安全抵达牵动人心。掐指算来，今天应该到了登顶昆仑站的时刻。

我立马穿上"企鹅服"，拿着铱星电话、一支笔、一个笔记本跑到甲板上，开始拨打昆仑队的铱星电话号码。试了几次，无法接通，我去找秦领队核实号码，号码没错，可能是因为信号不好。回到甲板上，再试一次，终于接通。

接电话的是昆仑队"通讯员"刘博文，这位吉林大学的"90后"博士生虽然研究的是冰川学，但文笔却是不俗。上一节的那封邮件就是他从南极内陆发来的，短短几百字就生动刻画了南极内陆科考勇士们的风采。《论语》中说"博学于文，约之以礼"，可谓人如其名。

此刻，我在南极半岛附近海域（南纬 61 度 45 分，西经 44 度 36 分）的雪龙号上，他在南极内陆冰盖最高处的昆仑站（南纬 80 度 25 分，东经 77 度 07 分），我们进行了跨越东西半球、连接南极内外的连线：

"你们具体什么时候到的？"

"今天下午 5 点 20 分左右，当地时间。"

"现在海拔多少？"

"4087 米。"

"温度呢？"

"零下 33℃。"

"队员们的身体状况怎么样？"

"队员们的精神状态都非常好，个别有高原反应，有一定的头疼症状。其他都挺好的。"

刚聊几句，电话信号出现波动，声音时断时续，忽大忽小，很快就断了。连线昆仑，出现这种状况再正常不过。

他们目前所在的昆仑站是我国 4 个南极科考站中唯一一个纬度超过 80 度的，巍巍昆仑，就是取其高远峻拔之意。昆仑之高，象征的正是中

昆仑队在行车中遇见日晕（胡正毅摄）

昆仑站——我国纬度最高的南极科考站，2009年1月27日建成

国人的脊梁。

电话重拨后，再次接通。我请刘博文介绍一下登顶昆仑站过程中的具体情况。他说，26日后昆仑队开始爬连续的大坡，碰到了软雪带。这些区域表面雪层柔软，加上天冷风大，雪地车发动机功率下降得很厉害，容易发生下陷。在此期间，一辆雪地车就出现了"陷橇事故"。大家把那辆车拉的3个雪橇分开，减轻重量，一次拉一个橇，连续拉了3次，才顺利通过。

在南极内陆行车，目之所及尽是冰雪世界的白和极地天空的蓝，最初一定会有新鲜感，但是当你十天半个月从早到晚面对的都是毫无变化的白与蓝，仿佛置身于茫茫虚空，那种枯燥压抑之感，没有亲身经历过是很难想象的。因此，内陆队不仅要有过硬的身体素质，更需要"有爱有欢乐"的团队氛围，一路行进的煎熬之中，能够让队员之间相互取暖。

刘博文在电话里说，就在登顶昆仑站前的28日晚，他们一起为最近这段时间过生日的队长金波（内陆队人称"昆仑派掌门人"）和两位机械师姚旭、沈守明，一起办了一个生日晚宴，大家好好乐呵了一把。其实因为赶路要紧，所谓生日晚宴不过是比平常多了一个提前做好带来的蛋糕，大家挤在雪地车狭窄的生活舱里，非常节制地喝了一点儿酒，为3位寿星送上生日贺卡而已。

聊了不到10分钟，电话再次"抽风"，多次重拨，无法接通。过了一段时间，再次尝试，这回接电话的是胡正毅。这位与我同龄的昆仑队队员，在来时的雪龙号上我们就相互熟悉，这是他第二次挺进昆仑。

"正毅，身体感觉怎么样？"

"我很好啊，没问题！"

"最近几天你们什么安排？"

"我们今晚休整一下，明天去 DOME-A（冰穹 A）瞻仰，举行升旗仪式，把去年插上去的被风吹破的国旗换成一面新的，然后合影留念。这是昆仑队的传统。"

冰穹 A 距离昆仑站约 7.3 公里，是中国南极科考的骄傲之一。它与南极点（美国阿蒙森－斯科特站所在）、冷极点（俄罗斯东方站所在）、磁极点并称为南极最具标志意义的四个地理方位点。2005 年 1 月 18 日，中国第 21 次南极科考期间，12 名科考队员成功完成了人类首次从地面进入冰穹 A 的壮举。

2016 年 1 月 1 日，昆仑站举行元旦升国旗仪式（胡正毅摄）

中国第 32 次南极科考队昆仑队队员与中华司南合影（胡正毅摄）

胡正毅告诉我，在冰穹 A 上矗立着一个极具中国特色的建筑——金色的中华司南，青铜四方的底座上用小篆刻着八个字："造福人类，振兴中华"。

作为中国古代"四大发明"之一指南针始祖的司南，被安放在南极冰盖之巅，多么具有象征意义。近代以来，中国人没有赶上人类的大航海时代，如今，探索极地奥秘、和平利用南极，终于有了我们的身影。

"祝你们一切顺利，保重！"

挂断电话，我想象着这样一幅画面：

在白色的冰雪故乡，周天寒彻，如此之高，这样多雪，28 名身着中国红的东方勇士，巍然屹立于地球南天。

胸中激荡着熟悉的词句："横空出世，莽昆仑，阅尽人间春色。"

新的长城 ⑴④

"一别二十年，再来换容颜。新楼拔地起，故地望云翻。"

2016年1月8日

中国南极长城站

"不到长城非好汉，屈指行程二万。"中国南极长城站距离北京17502 公里，距离雪龙号出发的上海 16558 公里，远远超出了两万里。

31 年前，中国第一代远征南极的"好汉"历尽千难万险，在地球南天矗立起"新的长城"；31 年后，我们再次登临，依然可以感受到当年那股英雄之气，在驰骋纵横。

老站长的怀旧

12 月 15 日，从中山站出发后，经过 20 多天逆时针绕南极大陆的海上航行，雪龙号终于在新一年的 1 月 5 日抵达位于南极半岛的乔治王岛，在距离长城站 3 公里的麦克斯维尔湾抛锚，开始卸货作业。

凌晨四点半，一个身影出现在雪龙号的驾驶台上，拿起望远镜向着不远处的长城站方向，看了一遍又一遍。平时喜欢写诗填词的他，彻夜未眠，作了这么一首七言：

云里远山半遮面，

蓝天碧海鸥鸟闲。

今日离别我不回，

且把余生写新篇。

这个人正是中国第 32 次南极科考队的副领队李果，今年已经 60 岁。长城站，对于他而言，是与自己最美好的一段青春时光联系在一起的。

长城站站区全景

空中俯拍的长城站建筑

翻新后的长城站1号栋，建成于1985年2月，是长城站最早建成的两栋建筑之一，同时建成的2号栋已经拆除

20世纪80年代初，我国成立国家南极考察委员会（简称南极办），开始筹备首次南极考察，刚刚大学毕业的李果是南极办初期的几位成员之一。当时还是"小兵"的他，有幸参与了长城站建站的前期准备工作。后来，1986年12月至1987年2月，他曾作为中国第3次南极科考队的队员来到长城站度夏。1988年12月至1990年1月，他在此担任长城站第5任站长。1999年12月，中国第16次南极科考期间，他又随雪龙号前来，短暂逗留。

"花甲重回长城站，几曾相识忆当年。"李果说，临近退休再次请缨，为的是"最后再来看一眼，了自己一个心愿"。

"一别二十年，再来换容颜。新楼拔地起，故地望云翻。"这么多年后重临故地，又深感此次再见是"今日离别我不回"，这位长城站的老站长，心中感慨何止万千，诗情自然澎湃。

长城站的建筑有一个特点，不同的颜色代表不同的建成年代。一上站，李果就向我们介绍各个不同颜色建筑的年代，红色的1号栋、老科研栋、蓝色的综合栋、发电栋、红白相间的新科研栋、宿舍栋……哪次队建成的，什么时间建成的，如数家珍。他带我们走进长城站最早建成的1号栋参观，特地走到当年住的站长室前停留，叩了叩门，若有所思。虽然现在1号栋内部已经翻修一新，他依然可以凭记忆比画和描述出当年的房间格局和模样。

李果带我们参观长城站1号栋。这是1988年12月至1990年1月，他在此担任长城站第5任站长时所住的站长室，如今已装修一新

1号栋内依然挂着当年建站时带来的绘有长城图案的挂毯

　　走出1号栋，李果指着远处山顶上的一座小楼说，那座地球物理观测栋浇筑地基用的水泥，是29年前他和另外3名队友一袋一袋用扁担抬上去的。

　　"那个时候我们还年轻，开着小艇在长城湾卸货，没日没夜地干。说起来我们那拨人真是有一种愚公移山的感觉，一种说不出的单纯，一股认定了一件事就要认真干、拼命干的劲头。"

　　在中国南极考察筚路蓝缕的年代，没有这批"愚公移山"的先行者、埋头苦干的"硬汉"，哪来"新的长城"？

长城站站址不远处，立着一块"好汉"石

热闹的"南极地球村"

　　长城站（南纬62度13分，西经58度58分）建成于1985年2月20日，是我国在南极建立的第一个常年性科考站，位于南极半岛南设得兰群岛的乔治王岛，东临麦克斯维尔湾内的小海湾——长城湾。长城湾与麦克斯维尔湾之间隔着一个小岛，中国人给它起了一个美丽的名字——鼓浪屿。

　　这里离南极圈（南纬66度34分）还差约4个纬度，属于亚南极地区。由于地理位置靠近南美洲，交通相对方便，如今长城站的科考队员可以乘坐飞机往返于智利和长城站附近的马尔什基地。雪龙号到达时，上一批的15名长城站越冬队员已圆满完成各项科考任务，于上月分批乘飞机回国，新一批长城站度夏和越冬队员刚刚到任。

长城站与鼓浪屿

长城站西海岸的霍拉修峰

长城站所在的乔治王岛，是南极半岛向北伸入德雷克海峡的南设得兰群岛中最大的岛屿，面积1160平方公里。在这个不大的岛屿上，除了长城站，还有俄罗斯的别林斯高晋站、智利的弗雷总统站、波兰的阿尔茨托夫斯基站、阿根廷的尤巴尼站、巴西的费拉兹站、乌拉圭的阿蒂加斯站、韩国的世宗王站等7个常年科考站，俨然一个小小的"南极地球村"。

长城站站区里的帽带企鹅　　　　　　　　　　　　长城站站区里的海豹

停泊于长城站附近麦克斯维尔湾的游轮

与每年前往中山站不同，雪龙号每两年才会前往长城站一次，为其补给物资。上一次雪龙号到达长城站的时间是2014年1月。虽然雪龙号不是每年都来，这里却是前来南极旅游的智利和阿根廷游轮经常光顾的地方，其中也不乏来自国内的面孔，当然这要花费一笔相当不菲的旅费。

1月5日，我们坐着"雪鹰12"直升机，刚刚降落在长城站停机坪上，就对眼前热闹的"南极地球村"印象深刻。长城站的主楼前，几十名穿着户外探险服的外国人在"迎接"我们。

"你好！你好！"看到中国科考队员来了，他们用不太标准的中文，友好地打招呼，一问才知道这是美国的一个商学院组织学员到南极进行"拓展训练"。他们就住在附近的智利弗雷总统站，顺道前来长城站参观，纷纷在1号栋、长城石前合影留念。

长城站上画着八仙过海图案的油罐

建长城站时海军 J121 号打捞救生船的备锚

长城巍峨英雄气

然而，在这热闹之中，一个孤零零地立在长城湾边的旧锚引起了我的注意。由于长年的冰雪和海风侵蚀，锚面的红漆已经剥落，锈迹斑斑。绕到背面驻足一看，上面的一行字依稀可辨："中国人民解放军海军三〇八名官兵首次赴南极纪念"。

李果告诉我，这是当年建站的海军 J121 号打捞救生船的备锚，在建成之后放置于此，作为永久纪念。它时刻提醒着后人，在享受着眼前热闹的同时，需要不断去钩沉那段充满艰辛与梦想的历史：

20 世纪 80 年代初，已有 18 个国家在南极洲建立了 40 多个常年科考站，还有 100 多个度夏站，而中国始终没有踏足南极的土地。那是改革开放初期的中国，那是风气再开、重新振作的年代，在人类探索南极的征程中，中国人虽然迟到了，但必须到达。

从 1980 年开始，到组织首次南极考察，我国政府先后派出了 20 多名科学家到南极其他国家的科考站学习和工作，成为最早的探路者。1983 年 6 月，中国向《南极条约》保存国递交了加入书，正式成为《南极条约》的缔约国。然而，缔约国在南极事务中没有表决权，关键时刻只能"被请出会场喝咖啡"，必须在南极建立常年性科考站，才能拿到具有表决权的《南极条约》协商国的入场券。

当我向李果求证这段中国南极考察的"史前史"时，这位当年在南极办全程参与这个过程的"小干事"告诉我八个字——"功在当代，利在千秋"。他说，这是当时向国家提交的在南极建立第一个科考站的请示报告中的八个字。正是这八个字，使我们国家下定决心，在当时财政并不富裕的情况下，"勒紧裤腰带"在南极建立一个"新的长城"。

1984 年 11 月 20 日，由两船两队组成的规模庞大的中国首次南极考察编队从上海出征。这是改革开放后，中国人第一次大规模远洋航行，冲向世界的尽头。

1984 年 12 月 30 日 15 点 16 分，是中国极地考察永载史册的时刻。中国首次南极考察队 54 名队员登上乔治王岛，中国人终于踏上南极的土地。

　　"当时我举着大旗，大家伙儿就跟着上去了，这是中华人民共和国在南极的第一面国旗！这时候，大家的心情非常激动，中国人终于踏上了南极的土地，梦圆乔治王岛！"李果的"恩师"、中国首次南极考察队队长郭琨在日记里这样写道。

长城站上矗立着的"南极精神"的标语

当年建设长城站的情景（极地办资料图）

在当时艰苦的条件下，这些"首闯南天"的中国勇士们，克服重重艰难，打穿极地坚硬的冻土层，筑下长城站的地基。严寒中顶风冒雪，冰雪里摸爬滚打，睡在阴冷潮湿的帐篷里，战胜极度的疲劳，不分昼夜连续作战。尤其是，为了方便卸运建设长城站码头的物资，40多名海军官兵组成了"突击队"，直接踏入冰冷刺骨的海水中，打下一根根钢桩……

今日之长城站码头

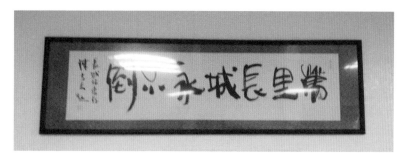

　　1985 年 1 月 18 日，在最艰难的时刻，队长郭琨在日记里呼喊："为国争光，为民族争气，用我们的血肉，筑成我们新的长城！"

　　从登上乔治王岛算起，到长城站全面建成，他们只用了 45 天，在南极创造了令世人瞩目的中国速度。而且，考察队临时决定——当年建站，当年越冬！ 8 名勇士先坐飞机回国，与家人团聚，然后再回到新落成的长城站，留守越冬，创造了又一壮举。

　　长城站建成不久，1985 年 10 月 7 日，中国成为《南极条约》协商国。从此，中国人在南极真正站稳了脚跟。

长城站夜间卸货作业

在长城站的几天时间里，我心中一直念着"新的长城"这个词汇。我在想，这座远在地球南天的"新的长城"，与民族历史上那座出于防御作用的"万里长城"，与抗战烽火中奋起抗争的"血肉长城"，它们之间相互对比有什么含义。我在想，这个民族的一代代"风云儿女"，或在危急时刻，或于艰难困苦，所能迸发出来的精气神，又如何"常为新"。

"临近退休想来，一个人能参与到一些为民族做'功在当代，利在千秋'的事业中，包括像你这样的随队记者，多年以后提起，都应该是幸运和自豪的。"李果这样动情地对我说，"这也是当年老郭那批人为什么顶风冒雪，一定要为子孙后代在南极留下这么一块地方。我觉得，这才是极地工作的魂之所在！"

1月8日晚，在从雪龙号最后一次坐着黄河艇登陆长城站的途中，我碰到一个福建老乡，长城站度夏队员、上海国际问题研究院的研究员杨剑。他说，昨晚辗转难眠，初来长城站想了许多，填了一首词，与我分享，其词曰：

踏莎行
——献给32次南极考察长城站战友

困卧天边，
梦醒极地，
一片冰心映澄碧。
江山万古无君王，
企鹅千载有栖域。

鲲越重洋，

翼托红日，

海天冰岩苦寻迹。

峡湾寂寥荒原雪，

长城巍峨英雄气。

"峡湾寂寥荒原雪，长城巍峨英雄气"——英雄所见略同。

一只傲立在风浪中的帽带企鹅和雪龙号合影

麦哲伦海峡遐思 05

在这座麦哲伦海峡边的港口，通往最后一块大陆的"南极之门"，吹拂着来自冰雪故乡的风，总令人产生无限遐思。

2016 年 1 月 20 日

It was a poet, the unforgettable Peruvian César Vallejo, who wrote an allusion to the "winds of change". And this is precisely what I feel at times while walking along the streets of

位于智利最南端城市蓬塔的麦哲伦雕像

Punta Arenas. I sense that this wind that has been around us all our lives brings changes on the air as it fills its lungs with a polar spirit.

（大意：诗人巴列霍写过一首关于"变化的风"的诗歌，使我难以忘怀。这正如我有时走过蓬塔的街道，感觉到每天吹拂着我们的风，携带着来自南极的精神物质，填充着胸肺，正在改变这里的空气。）

这是我在蓬塔遇到的智利南极研究所所长何塞·蒙塔迈斯写下的一段话。在这座麦哲伦海峡边的港口，通往最后一块大陆的"南极之门"，吹拂着来自冰雪故乡的风，总令人产生无限遐思。

历史

离开长城站，在南极半岛海域开展了大洋科考作业之后，雪龙号向北穿过德雷克海峡，这是雪龙号本航次第 2 次穿越西风带，幸运的是并没有碰到大气旋。雪龙号平稳穿过西风带，到达南美洲大陆的东岸，经过麦哲伦海峡，于 1 月 16 日抵达智利的蓬塔港。这是雪龙号时隔 16 年再次到访蓬塔，也是从去年 11 月 22 日告别澳大利亚的弗里曼特尔港后，科考队员再次回到人类社会。

　　蓬塔，全名蓬塔阿雷纳斯，是智利最南部的麦哲伦－智利南极区（第十二大区）的首府。贯穿南美大陆的麦哲伦海峡在此呈南北走向，蓬塔位于海峡西岸，城市沿着海岸线展开。在巴拿马运河开通之前，蓬塔曾是沟通太平洋和大西洋的咽喉要道。这里与南极半岛的最近距离只有 1200 多公里，是许多国家南极科考船只的重要补给站，并有定期往返南极半岛的飞机。

雪龙号航行在德雷克海峡

    雪龙号上次到访蓬塔是 2000 年 1 月,后来都是前往海峡的另一边、位于火地岛的阿根廷乌斯怀亚进行物资补给。

    2 万多吨的雪龙号行驶在眼前平静的水道上,这里最窄处不到 2 海里,对岸的火地岛清晰可见,低矮起伏的小山丘,灰黑土壤上基本看不到绿色植物。如果事先不知道,你很难将这条已经不再繁忙的水道与人类历史上第一次环球航行的壮举联系在一起。

    1520 年 10 月,在从西班牙出发一年后,麦哲伦率领船队到达这里。据记载,当年麦哲伦的船队沿着大西洋的西岸一路往南,终于在南纬 52 度的南美洲大陆东岸找到了向西的航道。他们抵达时,发现海峡边的岛上有大片火光,原来是当地土著居民燃起的堆堆篝火,白天蓝烟缕缕,夜晚火光点点,遂将眼前的这块陆地命名为"火地岛"。

1月14日，雪龙号开始穿越德雷克海峡，
为了保证夜间行船的安全，打开了探照灯

智利蓬塔港

麦哲伦海峡，对岸就是火地岛，世界上除南极大陆以外最南端的陆地

然而，与雪龙号到达时的风平浪静不同，麦哲伦船队并没有碰到像我们今天到达时的好天气。他们在这里遭遇了一场风暴，巨浪滔天，船队足足花了 38 天才通过这条并不长的海峡。当他们逃过风浪，绕过岬角，一片茫茫无际、平静无比的大海呈现在眼前，心情豁然开朗的麦哲伦为其起了一个美丽的名字——"太平洋"。当时的他并不知道，这正是地球上面积最大的大洋。

与麦哲伦一样，此次科考，我们搭乘雪龙号也是逆时针"环球航行"。只不过麦哲伦船队绕的是大圈，用了整整 3 年时间一路向西回到起点，证明地球是圆的；雪龙号绕的是小圈，环绕地球上最南端的一块大陆，用不到 3 个月时间，从中山站出发再次回到中山站。到达蓬塔，意味着雪龙号的"环球航行"已经走过了一半。

情谊

"有朋自远方来"，且时隔 16 年再次到访，智方自然十分重视。1 月 20 日，智利第十二大区政府、智利海军部门、智利南极研究所、蓬塔市政府、中国驻智利大使馆在蓬塔港码头联合举行了一个简单而隆重的仪式，欢迎中国南极科考队的到来。

雪龙号上挂出了横幅，中国科考队员和雪龙号船员穿着整齐的红色科考队服和白色船员制服，排列在船舷上挥舞着国旗。智利军乐队奏欢迎乐曲，智利第十二大区区长豪尔赫·费列斯、智利海军上将伊凡·布里托、智利南极研究所所长何塞等率领智方 50 多人在码头上挥手欢迎。

雪龙号到达蓬塔港码头

智利军乐队奏欢迎乐曲

智方热烈欢迎中国科考队

　　豪尔赫区长代表智利总统巴切莱特对中国南极科考队到访智利蓬塔表示热烈欢迎，希望中智两国在南极半岛科考方面继续加强在科学研究、人员交流、后勤保障等方面的合作。他还介绍，2014 年智利政府出台了一项计划，要将位于最南部的麦哲伦－智利南极区打造成一个国际南极考察交流的中心，蓬塔"南极之门"的地位将越加显现，欢迎以后搭载着中国南极科考队的雪龙号经常到访。

智利第十二大区区长豪尔赫·费列斯与中国第 32 次南极科考队领队秦为稼友好交谈

　　智利（Chile）是世界上国土最狭长的国家，与阿根廷（Argentina）、巴西（Brazil）并称"南美 ABC"。虽然相隔不止万里，但智利与我国保持着极其密切的经贸往来，中国是智利最大的贸易出口国和进口国。在蓬塔的大街上，你经常可以看到熟悉的中国汽车品牌。据介绍，智利出产的铜占世界市场一半以上，其中大约 75% 出口中国，而智利红酒、智利樱桃在国内更是深受青睐。

与长城站比邻而居的智利弗雷总统站，南极半岛上规模最大的科考站之一

欢迎仪式结束后，智方官员、蓬塔当地市民社会团体代表、媒体记者等50多人登上雪龙号进行参观。他们分别参观了雪龙号展厅的"中国极地考察30年及国际合作展"、大洋科学考察实验室、雪龙号驾驶台、"雪鹰12"直升机等，中国科考队员为智方客人进行了热情讲解。

智方代表参观雪龙号展厅

"阿密够""阿密够"，在智利期间，中国科考队员们学会了西班牙语中的一个词"amigo"（朋友），尽管对于热情的贴面礼，只能"尴尬"地应对。总而言之，在南极科考事业中，中智两国的"冰雪情缘"不仅有美好的回忆，更有光明的前景，套用一句话来说，真是"比山高、比海深、比蜜甜"。

3 名蓬塔当地华人华侨代表与同样来自浙江丽水的老乡、随队央视记者卢武合影

　　值得一提的是，在欢迎人群中，3 个黄皮肤的面孔引起了我们的注意，一问才知道是蓬塔当地的华人华侨代表，更加凑巧的是他们与此次随队报道的央视记者卢武是浙江丽水的老乡。操着同样的乡音，在遥远的世界尽头相遇，真是"他乡遇老乡，两眼泪汪汪"。出生于 1990 年的陈狄斯 6 年前来到蓬塔，在这里开了一家超市，生意相当不错，后来他的叔叔陈金南和表弟陈涛羽也过来帮忙。

中国人在蓬塔开的餐馆和超市

　　"我开了中国人在世界最南边的一家店"，年纪轻轻的陈狄斯现在已是智利浙江商会的副会长。他介绍，由于这里实在太远，中国人在蓬塔只有两家店，一家是他的超市，另外还有一家餐馆，常年在这里的中国人就七八个，来旅游的也很少。

　　"这是我第一次见到这么大的船！"1992 年出生的表弟陈涛羽显得有些腼腆。他说，站在巨大的雪龙号前，看到上面挂出"雪龙船向华人华侨带来祖国问候"的红色条幅时激动得不行，"真的很震撼，真的很自豪"。

　　为了表示欢迎，陈狄斯一定要请我们一行 10 多人吃晚饭。闲聊之中，当听说许多科考队员都是来自国内的科研院所和高校的研究员、教授、研究生，在南极要开展许多颇具价值的科研项目时，他们频频表示敬意，"我们都没上过学，只能四处闯荡"。

　　其实，反过头来一想，某种程度上，在我国改革开放、走向世界的浪潮中，正是有了像他们这种敢想敢干、敢拼敢闯的精神，才造就了经济发展的今天。所以，我们也应该为他们的"四处闯荡"点赞喝彩。

遐想

　　已经在海上漂泊两个多月，再回人类社会进行中途休整，科考队员终于有了"接接地气"的机会。作为"省城"的蓬塔，只有 10 多万人口，相当于国内一个小县城的规模。规模虽小，这里的历史遗迹却不少，可谓"小城故事多"。

蓬塔街景

夜幕降临的蓬塔

蓬塔街边的雕像

蓬塔的城市建筑具有鲜明的西班牙色彩，依山傍海，高楼不多，道路横平竖直。这里的民风热情而淳朴，从两件小事就可见一斑：从雪龙号停靠的码头到蓬塔市中心走路需要一个小时，在靠岸的第二天早上，我想一个人沿着海岸线公路走到市区，还没走一会儿，一辆白色厢式小货车就在我身边停下来，热情友好的司机主动提出要搭我一段；大洋队科考队员林荣澄教授把手机落在一家餐馆，餐馆的老板、一对年轻人竟然将手机送到码头，令他十分感动。虽然蓬塔的大部分民众都不会说英语，但是一些共通的情感总能产生人与人之间的共鸣。

热情友好的小货车司机

用曾经在智利工作过多年的科考队副领队李果的话概括，蓬塔的主要标志性建筑有四个：一个麦哲伦广场，一个牧羊人雕塑，一个历史博物馆，一个市政公墓。

　　牧羊人雕塑位于市郊，在两条公路中间隔离地带的一座小土丘上。一个肩披羊皮袄的牧羊人，面部表情沧桑，额头上深深几道皱纹。他手持鞭子，赶着羊群往前走，身后跟着的是一只狗和一匹马。羊皮袄随风飘起，牧羊人背部微屈，眼神凝视前方，艰难前行。据说，雕塑是为了纪念两百多年前来到这里的一位牧羊人，他放牧开荒，筚路蓝缕，辛苦劳作，才逐渐形成了如今的小城。

　　无独有偶，2014年蓬塔市中心的海岸边又立起另一组雕塑，纪念的也是最早乘船前来这里开发的人们。除了吹着海螺的美人鱼、劈波斩浪的水手，船头上刻画的7个人物形象栩栩如生：高擎旗帜的首领，拿着海图的船长，手持长枪的士兵，怀抱着一只鸡的妇女，赶着羊的小孩，握着木锯的匠人，还有一位双手向天的神女。

　　发现，征服，开发，聚集，融合，信仰……自从1492年哥伦布发现"新大陆"以来，这种故事在这片土地上再普遍不过了。

蓬塔牧羊人雕塑　　　　　　　　　　　　蓬塔市中心海岸边的一组雕塑

麦哲伦广场

当然，麦哲伦永远是这座小城的灵魂。蓬塔市中心就是麦哲伦广场，广场不大，四周林木苍翠，正中高高矗立着一座雕塑。麦哲伦，这位为西班牙航海的葡萄牙人，站立在雕塑顶端。

他左手拿着望远镜，右手握着帽子，腰间佩着一把长剑，脚踏船头，高昂着头颅眺望远方，一派意气风发、英雄一时的气概。正下方是一位双手托举的美人鱼形象，左右两边是两个印第安人的雕塑，基座上还刻画着当年麦哲伦船队通过后来以他的名字命名的海峡时的场景。在世界的尽头，徘徊在这座雕塑面前，一种历史感油然而生。

对于这片土地而言，麦哲伦的形象无疑是复杂的——航海家？探险者？商人？发现者？征服者？这其中有太多值得深思的地方。

蓬塔博物馆里展示的印第安人使用的工具

在人类大航海时代的开辟之初，两个西方伊比利亚半岛的国家，不管是葡萄牙向东，还是西班牙向西，他们寻找"香料群岛""黄金之国"的努力，都表现出一种前所未有的动力和志在必得的决心。而要知道，在麦哲伦环球航行的近百年前，遥远东方的郑和也曾"七下西洋"，而且其船队规模之大（郑和的船只大小是哥伦布旗舰的好几倍），所到地方之远（最远处抵达红海沿岸与非洲东海岸，当时的葡萄牙人还没有发现好望角），足以令当时的西方世界震惊。

正如斯塔夫里阿诺斯在那本经典的《全球通史》中，谈及"为什么哥伦布不是中国人或阿拉伯人这个问题"时的精彩论述：

"在欧洲的海外扩张中最重要的人物不是哥伦布、达·伽马和麦哲伦，而是那些拥有资本的企业家们……伦敦的羊毛商、巴黎的零售店店主、哈莱姆的捕鲱鱼人、安特卫普的银行家或约克郡的地主，他们将大笔大笔的巨款投入各种海外事业。

"总之，欧洲有一种强大的推动力——一种牟利的欲望和机会……那时的欧洲就像一个靠他人通过墙上的缝隙喂养的巨人，他的力量和知识正在增长，牢狱的围墙已不能长久地禁锢住他。

"中国人虽曾航海数千英里，但完全是出于非经济方面的原因。他们对贸易毫无兴趣，只是将诸如长颈鹿之类的奇珍异兽带回自给自足的祖国……

"由于缺乏国内基本制度的变革，从海外源源而来的黄金，仅仅引起了通货膨胀，西班牙人经过漫长而危险的探险所获得的一切，很快被西北欧的荷兰、法国、英国轻易、舒适地夺走了……"

历史偶然性的背后总是必然性。当历史风云变化，这座"新大陆"最南端的城市，它的命运又与地球上"最后一块大陆"紧紧联系在一起。

白色建筑为智利南极研究所   智利南极研究所所长何塞

　　智利南极研究所总部就设在麦哲伦广场边上，正对着麦哲伦雕塑。研究所只有40多人，还发行了一本杂志《ilaia》，专门介绍智利每年南极科考的新进展。智利南极研究所所长何塞是一位剑桥大学毕业的博士，说着一口流利的英文，在国际南极事务中非常活跃，曾担任智利国家南极局局长理事会的理事长，多次访问中国，有许多"极地圈"里的中国老朋友。他在2015年第二期《ilaia》"编者的话"中，用如诗的语言，介绍着蓬塔和智利的南极科考。他这样写道：

　　"这片白色大陆是通向人类新的知识和发展世界的窗口，同时也是一座灯塔，向我们警告着地球变暖的危险。每天，南极将它的气息充斥于这个世界最南端城市的古老街道上，阿蒙森、斯科特、沙克尔顿等最早探索南极的人们，曾经走过的街道。如今，每年有来自 20 多个国家的数百名科学家相聚于此，在这'比南方更南'的地方。"

南美印第安人奥纳族传统舞蹈表演

在何塞的热情安排下，我们有幸观赏了曾经居住于火地岛的南美印第安人奥纳族（Ona）的传统舞蹈表演，同时，也学会了同样曾经居住于火地岛的南美印第安人雅马纳族(Yamana)的一个词——"ilaia"，即智利南极研究所杂志的名字。

何塞解释，在雅马纳族语中，"ilaia"的意思是"比南方更南"。几千年来，雅马纳族人划着独木舟，在世界上除了南极之外最南端的陆地火地岛游牧而居。在他们文化发展的某个阶段，通过直觉或者经验感到，需要对已知世界边缘之外的地方予以定义，所以创造了这个词。虽然随着与白人的接触和随之而来的疾病，雅马纳族人的身影已经消失在历史长河中。但是，此时此地，我们终于能够"拯救"他们极其丰富语言中的一个词。

智利南极研究所发行的《ilaia》杂志封面

"ilaia"，"比南方更南"，直到世界尽头，人类探索的脚步从未停止。正如何塞所说：

"The winds of Antarctic are whispering in our ears. It is the air that unites us, and brings us closer together."

——南极的风，在我们的耳边轻声低语。正是这种空气，让我们再次联合起来，彼此靠得更近。

地球另一端
的别样春节 06

"南纬 77 度 47 分，东经 166 度 16 分。"猴年春节，铭刻在这个特殊的
地理坐标上。

2016 年 2 月 11 日

向祖国拜年！

1月30日，科考队员将一个长达8米的重力柱状取样器推出雪龙号的后甲板，下放到阿蒙森海的海底

《南纬77度47分，东经166度16分。"对这群中国人而言，猴年春节的意义，不仅来自节日的时间意味，更铭刻在这个特殊的地理坐标上。

——这注定是一个别样的春节，在距离祖国12000多公里的南极罗斯海，我们是此时在地球最南边，也是最东边的一群中国人。

这个春节，在遥远的地球另一端，中国第32次南极科考队的队员们是如何度过的呢？

离开蓬塔，雪龙号再踏征程，往南再次穿越德雷克海峡。这是我们第3次穿越西风带，此次碰到了较大的风浪，雪龙号仍然安全穿越，到达南极半岛西侧、别林斯高晋海外沿，继续环绕南极大陆航行。

1月29日至30日，雪龙号航行至阿蒙森海，大洋队在此开展海洋地质作业，从3822米深的海底成功获取一段3.82米的岩芯。南极海底

雪龙号的甲板上结上了冰

岩芯保存了几万年甚至十几万年的地质历史信息，是研究区域沉积环境，揭示古海洋、古环境和古气候演变的重要介质。这是我国首次在阿蒙森海开展海洋地质作业，所获数据将弥补该区域研究的空白。

随着雪龙号向更高纬度海区航行，温度不断下降。甲板上开始结冰，同时海面上的浮冰也越来越密集。

2016 年 2 月 6 日，除夕，一个新纪录诞生了。

环绕南极大陆航行的雪龙号自东向西穿过阿蒙森海的重重浮冰，往南一拐，前方奇迹般地出现了一望无垠的清水区，这就是著名的南极罗斯海。

罗斯海是南极大陆外侧两大海湾之一（另一个是威德尔海），是南太平洋深入南极洲的大海湾。1841年，由詹姆斯·克拉克·罗斯船长率领的英国皇家海军探险队首次到达这里，并为其命名。这里是地球上船舶所能到达的最南部海域，其海岸线距离南极点也最近，因此人类历史上那些著名的探险家阿蒙森、斯科特、沙克尔顿、伯德等都是从这里登陆，开始踏上探索南极、冲刺南极点的征程。

2月3日，南极罗斯海外围海域的浮冰落日

这或许是南极送给首次在罗斯海过年的中国人的新年贺礼，今年罗斯海的海冰情况非常好，雪龙号一路向南，径直开进了罗斯海内的麦克默多湾，开到了埃里伯斯火山的山脚下。"东方巨龙"停下脚步，雪龙号见习船长朱兵用手机拍下了 GPS 上的经纬度"77° 47' S 166° 16' E"——这是雪龙号进入罗斯海后航行到的最高纬度，也创造了中国船舶到达地球最南纬度的新纪录。

罗斯海的风光果然名不虚传，眼前是一片深蓝色的水域，此时最低温度已经达到零下 8℃，海面上蒙上了薄雾般的白色浮冰，雪龙号停泊的水面，海水流动性降低，不一会儿浮冰就在船边不断聚集，越来越密。不远处，地球最南端的活火山，埃里伯斯火山静静矗立，山顶上的火山云清晰可见，时而如袅袅炊烟，时而又像一朵蘑菇云。

整座火山都被厚厚的白色冰雪覆盖，"冰火两重天"。3794 米的海拔，肉眼望去似乎并没有那么高。然而，时而漂浮于半山腰的云层，时而隐入云霄的山顶，还是暴露了它的实际高度。

地球纬度最南的活火山埃里伯斯火山

雪龙号与埃里伯斯火山合影

如此美丽的风光，如此有纪念意义的时刻，必须给雪龙号与埃里伯斯火山来一张标志性的合影。6 日下午，雪龙号搭载的"雪鹰12"直升机从后甲板腾空而起，科考队部分队员前往美国的麦克默多站访问。秦为稼领队特地让直升机绕着雪龙号上空盘旋一圈，我打开机舱里的小窗户，拍下了上面这张照片：红白相间的"钢铁巨龙"，深蓝如玉的罗斯海，银装素裹的埃里伯斯火山，湛蓝澄澈的极地天空……此情此景，如此静穆而庄严。

优越的地理位置，使罗斯海成为国际南极科考辐射太平洋扇区的重要区域，该区域目前已有美国的麦克默多站、新西兰的斯科特站、德国的冈瓦纳站、意大利的马里奥·祖切利站、韩国的张保皋站等 5 个科考站。

从空中拍摄的麦克默多站

科考队访问的美国麦克默多站，建成于1956年，是南极最大的科考站，夏季高峰时有 2000 余人在这里从事各项考察研究工作，有"南极第一城"之称。此次也是首次以中国科考队的名义访问麦克默多站。

从雪龙号起飞后，不到 10 分钟，一座"小城"果真映入眼帘。从空中俯瞰，"麦城"（美国人简称麦克默多站为 McTown）依山面海，地势开阔平坦，大大小小的建筑绵延好几公里，令大家纷纷称叹。

当然，过年了，中国科考队员万里迢迢来到这里，可不仅仅是为了参观访问。他们其实肩负了一项重要的使命，那就是为我国在罗斯海地区建立新科考站进行优化选址作业，填补我国在国际南极科考重点区域战略布局的空白。

美国麦克默多站

年味

在紧张忙碌的科考工作中，雪龙号上的年味也渐渐浓了起来。

6日下午，大家聚在餐厅里，一起和面、擀皮，一边包饺子，一边有说有笑，好不热闹。"饺子一包，年味就有了。"雪龙号的水手长吴林笑嘻嘻地说。

今年56岁的吴林已经是第20次在南极过春节了。1984年，他参加中国首次南极考察并亲身参与长城站的建设，他是来南极次数最多的中国人。

"今年是我最后一次在南极过年了，希望站好最后一班岗，保障雪龙号安全、顺利完成各项科考工作。"早上8点，吴林准时到货舱，对货物的绑扎进行例行检查，排除安全隐患。按规定，他已达到船员出海的最大年龄。

"最大心愿是能和家人一起过个年，等圆满完成此次任务，一定要好好补偿家人。以后年年在家过春节！"这位老水手说。

　　"这是我长这么大第一次出远门，第一次来南极，第一次不在家过年。"来自厦门大学的在读研究生张琨是一名"90后"，也是目前船上仅有的3名女队员之一。她的科考工作是在南大洋进行海洋化学考察。天气越来越冷，船舷上的海水培养箱开始结冰，地上蒙上了一层湿滑的冰碴。然而，她仍每天坚持到船舷上，顶着冰冷的海风，小心翼翼地进行海水走航采样作业。

　　"过年了，我在船上并不孤单，因为有这么多队友们在一起。反而是我的爸爸妈妈，别人都是一家一家的，就他们是两个人。"张琨说，除夕

大家一起包饺子

之夜，她用船上的卫星电话给山东老家的父母打了一个电话，问候平安。

"蓝冰白雪银装素裹新年至，碧海丹舟金猴灵动万象新——南极迎春""金猴迎春系百家思念，雪龙送福跨万里海域——极地跨年"……雪龙号展厅里，一幅幅科考队员自己创作、书写的红色春联，点燃了喜庆的气氛。

而距离雪龙号2700多公里的中山站，也同时进入了春节时间。7日上午，我用铱星电话连线中山站站长汤永祥。

汤站长告诉我，在距离中山站东南10公里的内陆出发基地，今天要举行一个热情的欢迎仪式，迎接从遥远的南极内陆归来的两支内陆队——昆仑队和格罗夫山队的队员。去年12月15日，从中山站出发后，38名队员克服了极地酷寒缺氧、暴风雪、白化天、冰缝等重重考验，圆满完成了各项科考任务。

虽然无法亲历迎接仪式现场，但参加过这群"内陆勇士"出征仪式的我，完全可以想象这样一幅画面：碧空白雪，旌旗猎猎，分别近两个月的弟兄们紧紧拥抱在一起，捶打着肩膀，相互问候，尽情欢笑，洒下泪水……

汤站长介绍，为了迎接新年，中山站的队员们进行了卫生大扫除。综合楼里张灯结彩，一片喜气洋洋，大家一起帮厨房准备了丰盛的年夜饭。

内陆凯旋尽开颜（吴琼摄）

除夕之夜，他们要和内陆队的队友们一起吃饺子，把中山站"2M"的互联网流量带宽集中起来，一起看春晚直播。

"中山站要为内陆队的勇士们接风洗尘，祝贺他们凯旋，我们一起欢度春节，在遥远的南极感受家的温暖和春节的喜悦。"汤站长说。

"新年好""干杯"……下午5点，"雪龙年夜饭"准时开席，大家纷纷举起酒杯，互致祝福；没有网络，没有电视，晚上8点，"雪龙春晚"如约上演。

"雪龙年夜饭"

"雪龙春晚"

　　在繁忙工作之余，队员们抽出时间精心准备了演出节目。小品、歌舞剧、三句半、脱口秀、太极拳，门类齐全，应有尽有；抽奖、游戏，台上台下，互动热烈。

　　"难忘今宵，难忘今宵，无论天涯与海角……"晚会结束，耳边响起熟悉的旋律，深深拨动了每一位科考队员的心弦。这也是我第一次对这首歌有如此深的体会，是啊，我们在南极，在真正的天涯海角。

　　船舷外，罗斯海边的地球上最大的冰架若隐若现，远处是海拔 3794 米的埃里伯斯火山，冰雪覆盖，山海相映。船舷内，我们尽情相聚、欢乐，思念，感动。

科考队员在罗斯海进行地球物理作业

忙碌

忙碌，永远是科考工作的基本节奏，春节期间也是如此。这里没有"7天小长假"，短暂热闹，复归平静，复归忙碌。

作为南大洋深入南极大陆的大海湾，罗斯海被认为是地球最后一个海洋原始生态系统，有"最后的海洋"之称。这里丰厚的海底沉积地层是了解过去南极与南大洋环境气候变化的重要载体。

2月11日，大年初四，凌晨4点，雪龙号后甲板的实验室里，大洋队的队员们从9日晚上11点罗斯海地球物理科考作业正式开始，已经连续工作了29个小时。

随着雪龙号在罗斯海沿着既定测线匀速航行，科考队员通过船尾拖曳的气枪震源，以13秒为周期，不间断向海底发射人工地震波，并通过多道及单道地震电缆接收地层反射信号，获取海底以下2公里内的精细地层结构特征。

为了接收和记录反射信号，科考队员们要每隔半小时做一次"班报"，记录仪表上的各项数据，并随时到后甲板上检查设备是否正常运转。大洋队的队员们进行了分工，每两人值班6小时、休息6小时，而该项目现场负责人、自然资源部第二海洋研究所的张涛副研究员则必须24小时值守，他干脆拿了一床被子，困了就在实验室里睡一会儿。同时，气枪震源的空气压缩机连续运行，可能存在安全隐患，为了保证万无一失，还必须派队员冒着寒风在雪龙号中部舱盖板上轮流值守。

从9日晚上至13日早上，经过近80个小时的连续走航作业，他们在罗斯海的维多利亚地成功采集到了720公里测线的重力、磁力和反射地震等数据。张涛告诉我，这是近年来我国在罗斯海地区获得数据量最大的一次地球物理考察，将为中国科学家研究西南极裂谷的发育历史和过程提供坚实的数据资料。而作业一结束，他们最大的愿望就是栽进被窝，好好睡一大觉！

2月11日凌晨4点的雪龙号后甲板实验室

雪龙号船员在机舱里进行维修作业

雪龙号船员在机舱里对雪龙号的心脏——主机进行维护

雪龙号尾部拖曳的就是人工气枪震源

这就是南极科考的常态，从走航采样到深冰芯钻探，从地质采样到基础测绘，从海洋学到冰川学再到天文学，不管是大洋作业，还是内陆科考，也不管是节假日，还是顶风冒雪，大量第一手珍贵数据的取得，都来自这艰辛而单调的持续工作。

有人说，在南极"与世隔绝"久了，难免对时间失去知觉，"不知今夕何夕"。然而，每逢佳节，谁又能抑制住内心的波澜？

春节期间，科考队收到了国内各部门、单位、科研院所、高校的大量慰问电，在这些慰问电里，"劈波斩浪""战风斗雪"，是赞扬南极人最常见的词汇。想想，这是多么感人的时空连接：地球这一端，茫茫极天，有这么一群人，他们在风浪冰雪中默默坚守；地球另一端，家国故里，有多少凝望的眼睛，在衷心祝愿、深情思念。

雪龙号并不孤单，南极人并不孤单……

"坚忍"的小屋 ⟨07⟩

南极的探险从来不以成败论英雄，有时正是失败成就了英雄的传奇。

2016年2月6日

科考队员在埃里伯斯火山脚下进行地质地貌勘查

罗斯海，是一个充满历史感的海域。

作为南极大陆一处深凹进去、距离南极点最近的大海湾，这里见证了许多南极探索"英雄时代"的足迹。百年前，阿蒙森、斯科特、沙克尔顿……一个个怀抱雄心的探险者纷至沓来，向地球之极发起冲击。

2月6日晚，访问完美国麦克默多站之后，我们又乘直升机飞抵埃里伯斯火山脚下的罗伊兹角，进行地质地貌勘查。直升机把我们放在靠近

冰雪消融后露出的岩土

海岸处的一个平坡上，时间已是晚上 10 点，这里仍然是阳光灿烂。埃里伯斯火山掩映在云层之中，不愿露出真容。

我们一行 8 人分为两个小组分头行动。为保证安全，每个小组各自配备了一台对讲机，同时还给每个人发了哨子。在极地环境下，电子设备的使用有不确定性，紧急时还得靠吹哨子这种传统方式。这让我们想起了电影《泰坦尼克号》结尾处，女主人公露丝在冰海中被冻僵，嗓子已发不出声，在最后时刻吹响哨子求生的场景。

地面上，雪已大部分消融，露出灰黑的岩土，正是眼前的活火山喷出的岩浆凝固而成。党办秘书陈留林和我们 3 名记者，向海岸方向探察。地图显示，海岸附近有一处著名的历史遗迹——沙克尔顿小屋。然而，这么多年，中国南极科考队中还没有人实地来过这里，必须要靠我们的双脚去探寻。

穿着厚厚的"企鹅服"，身上又背着背包和相机、摄像机，我们爬过一个又一个山坡，不一会儿就气喘吁吁，身上都湿透了。走了近 2 个小时，终于爬到靠近海岸的一处高点。放眼望去，灰黑的火山岛同深湛的海水相接，远处一座巨型冰山飘浮在海面上，再远处淡蓝色的天空下雪山静立。

徒步探寻

发现了海岸边的灰白色小木屋——沙克尔顿小屋

　　我们找了块大石头，坐下休息，欣赏这美妙的冰海风光，卢武和张雷点着了烟，悠闲地抽了起来。

　　"快看，在那边！"陈留林第一个发现了海岸边有一个灰白色的小木屋。这下，我们感觉脚下又有了劲儿，沿着山坡，向小屋方向奔去。

　　小屋被封得严严实实，门也紧闭着。沿着墙板，整整齐齐堆放着许多木箱，木板上的字迹依然清晰可辨，写着"BRITISH ANTARCTIC EXPEDITION 1907"——英国南极探险队，1907年。

　　这，正是沙克尔顿小屋。

　　我们对这百年前的遗迹十分好奇，走近仔细查看木箱上的文字：

装着物资的木箱放在小屋边　　　　　　　　　　　　　"BRITISH ANTARCTIC EXPEDITION 1907"

"MARROWFAT PEA"（大粒豌豆）、"STEW"（炖菜）、"PATES"（鱼酱）……种类繁多，都是 1907 年那次探险队的物资。

我们找到一个破损的木箱，里面有碎裂的酒瓶和茶叶罐，还有残留的茶叶，张雷捡起一根茶叶，放在嘴里，尝到了一丝咸味。另一侧的木架上，还挂着船上用于起重的滑车钩子，以及一个扳手，早已锈迹斑斑……

真可谓"折戟沉沙铁未销，自将磨洗认前朝"。此刻，人类探索南极的英雄史诗，在埃里伯斯火山下的冰海间，依稀可见可闻。

沙克尔顿与阿蒙森、斯科特并称"南极三杰"。他一生 4 次前往南极，最终病逝并埋葬于南极。沙克尔顿的南极探险虽都以失败告终，但他却被认为是人类南极探险史上一名杰出的先驱和领导者。

1901—1902 年，沙克尔顿第一次参加南极探险时，斯科特是队长，同行的还有一名医生，可惜三人因途中雪盲症和败血症等病发未能成功。

1907—1909 年，这次沙克尔顿组织了自己的探险队，到达南极海岸，建起了营地。他和同伴到达距离南极点只有 178 公里的地方，但猛烈的暴风雪加上饥饿、寒冷和高原反应，让他们精疲力尽。如果硬撑到底，回程极有可能殒命。关键时刻，沙克尔顿做出十分艰难的抉择，带着队员们返回。我们看到的这个小屋，正是沙克尔顿此次南极探险时建造的。

沙克尔顿的第三次南极探险最富传奇色彩。

因最先到达南极点的荣誉已被阿蒙森夺得，沙克尔顿决定进行一项更大胆的挑战，就是从威德尔海登陆，横穿南极大陆，经南极点到达罗斯海。

一个破损的木箱里装着碎裂的酒瓶和茶叶罐　　　　　　　　锈迹斑斑的滑车钩子和扳手

出发前，沙克尔顿在报纸上刊登了一则广告：

"诚邀加入危险的征程，薪水微薄，刺骨严寒，长达数月的极夜，持续的危险，不保证安全返航。如若成功，唯一可获得的仅有荣誉。"

极致的危险和极致的体验，总能激起勇敢者的激情和冲动。短短几天内，应聘者竟达 5000 多人。

1914 年 8 月 1 日，沙克尔顿带领 27 名精心挑选的勇士，向着雄心勃勃的目标进发。沙克尔顿将自己的探险船命名为 "Endurance" ——坚忍号，名字来自他的家族格言："By endurance we conquer"（坚忍必胜）。

不幸的是，坚忍号刚到威德尔海海域，就遭遇恶劣天气，被海冰围困 10 个月，最后船被挤烂，沉入海底。他们弃船逃生，在浮冰上辗转扎营，以海豹肉、企鹅肉为生。随冰漂流 5 个月后，他们最终来到南设兰群岛的象岛。然而，这是一个偏离航线的无人岛，沙克尔顿带领 5 名队员，冒险穿越 1300 公里的茫茫大海，终于登上南乔治亚岛，又徒步 30 多个小时翻越岛上雪山，找到捕鲸站，并带船救回所有队员……

沙克尔顿   沉没的坚忍号

从 1914 年 8 月 1 日启航，到 1916 年 8 月 30 日救出所有队员，这个惊险故事共历时两年零一个月。在一次次绝望、一次次挑战生理与心理极限的情况下，沙克尔顿实现了把全体船员一个不少地带回去的承诺，完成了人类历史上一次绝境重生的伟大壮举。

南极的探险从来不以成败论英雄，有时正是失败成就了英雄的传奇。斯科特如此，沙克尔顿也是如此。

历史并没有聚焦沙克尔顿横穿南极大陆计划的失败，而沙克尔顿在九死一生之际，所表现出的乐观、冷静，危机中的领导力、决断力，和不抛弃、不放弃的团队精神，总是被后人反复提及。

英国探险家阿普斯利曾这样评价："如果想要一位优秀的科学探险队长，请斯科特来。如果想组织一次快速有效率的极地探险，请阿蒙森来。但如果处于十分危险的境地而想要摆脱困境，一定要请沙克尔顿来。"

历经百年岁月的剥蚀和极地风暴的侵袭，小木屋依然矗立不倒，犹如它"坚忍"的主人。勇气和毅力，能够创造奇迹。正如沙克尔顿所坚信的"By endurance we conquer"——坚忍必胜！

"难言"的小岛　08

> 乱石遍地的荒岛上，极地寒风割面，每个人脸上都绽放着参与到一项意义非凡事业中的笑容。

2016 年 2 月 8 日

从空中拍摄的难言岛

2月 8日，大年初一，由10余名科考队员组成的新站选址队，从停泊于罗斯海的雪龙号乘坐直升机飞抵南极罗斯海特拉诺瓦湾的难言岛（Inexpressible Island），为我国第5个南极科考站进行新站优化选址作业。

科考队员乘坐直升机登上难言岛

罗斯海是南极考察与研究历史最久的区域，也是南极国际治理热点，而中国目前在这里还没有建立科考站。为此，多年前我国就着手在罗斯海地区进行新站选址工作。

2012 年底至 2013 年初，中国第 29 次南极科考期间，选择难言岛作为新建站的主要备选站址，随后又在第 30、31 次南极科考期间进行了测绘、地质、环境等方面的综合考察和新站规划工作。

难言岛位于东经 164 度、南纬 75 度附近，面积约 70 平方公里，地势西高东低，西侧有一个南北走向的山梁，东侧为平地和丘陵。

岛名"难言"，据说曾有极地探险者受困于此，历经的磨难"难以言表"，因而得名。来到难言岛，我们对此有了深切体会。

岛上布满了大大小小的碎石，行走其间，稍不留神就会崴脚、摔倒。许多石头棱角分明，还有一些突兀的巨石耸立其间。只有冰川运动的力量和千百万年的风雪，才能塑造这样的奇观。

除了地面的乱石，同样令人"难以言表"的，是岛上的大风。这里风力常年有六七级，瞬时风力可达到八级以上。由于四周没有遮挡，人无处可躲，只能咬着牙，小心翼翼地在风中艰难行进。

难言岛上的乱石

科考队员在难言岛上观测地形地貌

　　夏末的罗斯海已经很冷了，大风一阵阵吹来，我们的身体不禁晃荡，脸上如果不戴着面巾，就像刀子割一般疼，手套不一会儿就被冻透，厚厚的"企鹅服"也抵挡不住寒风刺骨地侵袭。

　　此次，选址队员要在岛上搭设一个自动气象观测站，定期观测和记录风速、风向、气压、温度、湿度、太阳辐射等数据，然后通过卫星自动实时向国内回传，以了解难言岛长时间跨度的气候和环境情况。

　　由于长期低温，岛上的土壤都是坚硬的冻土层。怎么个坚硬法？只要地上的小石块没在冻土层里一厘米，人用手就根本掰不开。为了把自动气象观测站立起来，需要用锹镐挖出一个几十厘米深的土坑，5个健壮的年轻小伙，足足花了两三个小时才搞定。

　　同时，选址队员在之前测量区域的基础上，进一步扩大勘察范围，并根据已有测绘数据，进行了精确地现场比对；还对难言岛典型区域的岩石进行了采样，并对岛上的企鹅栖息地进行了观察，为评估新建站对周边环境的影响提供参考。

科考队员在难言岛上搭设自动气象观测站

科考队员在难言岛上采集岩石样本

中国人说，前人栽树，后人乘凉。整整一个下午，我们都在难言岛上进行地质勘查和选址作业，用脚步丈量着中国第 5 个南极科考站的一寸寸土地。

2018 年 2 月 7 日，中国第 34 次南极科考队在恩克斯堡岛（难言岛）举行了罗斯海新站选址奠基仪式。这将是继长城站、中山站、昆仑站、泰山站之后，中国第 5 个南极科考站。

离开难言岛前，秦领队特地招呼我们在一块大石头前，留下弥足珍贵的历史记忆。乱石遍地的荒岛上，极地寒风割面，每个人脸上都绽放着参与到一项意义非凡事业中的笑容。

罗斯海新站选址队合影（张雷摄）

初遇极光：
疑是银河落九天

科学发展的意义在于"祛魅"，但人类仰望星空时的好奇心和想象力却要"保鲜"。

2016 年 2 月 19 日

这几天格外兴奋，可能是因为到了南磁极附近。凌晨两点多，依然醒着。

从风平浪静的罗斯海出来后，雪龙号就在西风带的边缘航行，晃得厉害。南极的夏季已经结束，此时窗外已是一片漆黑，波涛汹涌澎湃，把窗户关得再紧，也能听到涌浪击打船身的巨响，风与海不停咆哮，就在耳边。躺在床上，身体前后左右摇摆，房间里的东西在移动、抖动、松动。

这个时候，内心就会升起一种恐惧，感到一股无比强大的力量，一股要吞噬一切的力量。两万多吨的雪龙号与这无边无际的大海，一室之内的灯光与那无穷无尽的黑暗。

想着想着，突然听到两声很轻的敲门声，感到一惊，我赶紧下床，打开房门。"有极光！"正在值班的水手许浩半夜前来通风报信，这是本航次第一次见到极光。

透过驾驶台的玻璃，我看到两道白色极光从天而降，如两块巨大的幕布垂下，幕中及周围闪烁几颗明亮的星，仔细观察，可以看到"幕布"像被微风吹拂一般轻轻摆动，此景用一句诗来形容再贴切不过——"飞流直下三千尺，疑是银河落九天。"

第二天，请教船上研究天体物理的专业人士，才知道在南磁极附近极光很难看到，我们刚好碰到了一次大磁暴。由于磁力线在磁极处是垂直向下的，故而极光方向也如幕布般垂直于天地之间。

　　整个过程持续不到半小时，由于船身摆动，没法稳定拍照，我就索性躺在驾驶台的窗户边上，任船头随着涌浪迅速抬升，继而使劲落下，在一会儿失重、一会儿超重的状态中，悠闲享受着这一幕天宇之上的绝美演出。

　　极光的英文"aurora"，是神话中的"欧若拉女神"。赤橙黄绿青蓝紫，谁持彩练当空舞？可以想象，当原始人类第一次看到这壮丽的自然景象之时，该是怎样的好奇、震撼甚至惊恐，又萌发出多少奇绝浪漫的想象？

　　科学发展的意义在于"祛魅"，但人类仰望星空时的好奇心和想象力却要"保鲜"。

科考队员越冬期间中山站的极光（刘杨摄）

回到原点: 10
实证地球是圆的

一直向前走，终又回到起点。但经此一圈，却领略了独一无二的风景，经历了不可重复的体验。这不正如我们的生命之旅吗？

2016 年 2 月 27 日

从罗斯海出发，雪龙号继续沿着逆时针方向自东向西航行。

2 月 21 日，雪龙号抵达澳大利亚凯西站，为其运送物资。将澳方的 392 吨物资卸运到凯西站，并将其部分站区物资装运上船，运回澳大利亚。

2 月 23 日，当雪龙号从凯西站启程继续向西时，一种即将回家的感觉在科考队员们心中升腾——下一站，就是中山站了。那里有分别两个多月的两支内陆队和中山站的队友们，团聚的时刻即将到来。

"广播! 广播! 雪龙号现在进入东五区，使用中山站时间，船时 19:00，船时 19:00。"

2 月 26 日 20 点，船上响起熟悉的拨钟广播。这是雪龙号环绕南极大陆航行的最后一次拨钟。至此，我们跨越了地球上所有的经度，经过了世界上所有的时区。此刻，我们再次与中山站同时区!

"看到了六角楼啦!"

2 月 27 日傍晚，雪龙号驾驶台上，队员们纷纷朝着中山站方向眺望。此刻，明媚的阳光洒在美丽的普里兹湾，环绕南极大陆一圈的雪龙号又回来了。

出发时这里 1 米多厚的陆缘冰，已成为碧蓝的海面，只有那几座巨

2月27日，雪龙号回到中山站附近的普里兹湾，科考队员们在雪龙号驾驶台上眺望中山站

型冰山，仍然搁浅在岸边。冰山后头，远远可以望见熟悉的中山站建筑。甲板上，队员们激动地拍照、录像，互相谈笑，或者在这中山站信号覆盖的地方，等不及拨通手机，向亲戚朋友遥报平安……

中山你好！别来无恙！

从地球上一个点出发，一路向西，不走回头路，最终又回到原来的地方，我们有幸亲身证明了一次麦哲伦500年前证明过的命题——地球是圆的。

从去年12月15日启航到今年2月27日抵达，75天、1.8万海里，这是雪龙号历史上第二次环南极大陆航行，也是首次逆时针环南极大陆航行。

一直向前走，终又回到起点。但经此一圈，却领略了独一无二的风景，经历了不可重复的体验。这不正如我们的生命之旅吗？

科考队员们纷纷在甲板上拍照。由于靠近中山站，这里国内的部分手机信号已经覆盖

瞬时之间，天地翻覆，翻江倒海！南极向我们显示出可怕的力量。

2016 年 3 月 5 日

2 月 27 日回到中山站，3 月 5 日离开中山站，这是我们在南极
大陆的最后一段珍贵时光。

当我们再次回到阔别两个多月的中山站时，一切都像是到家了的感
觉。再次见到中山站的队员，感到异常亲切，一见面就相互拥抱、拍打
肩膀，一如久别重逢的故交，其实很多人真正相识相处的时间不过一个月。
这种情感，常人似乎难以理解。经过极地历练的情谊，如极高温淬炼过
的钢铁一般，坚硬异常。

这次中山站也给了我们特别的待遇，把我们安排在越冬楼 101 宿舍，
我和南京大学教授邓三鸿一个房间。老邓来南极的科研课题是极地战略
研究，同时也负责科考队的信息资料工作。这是一栋落成不久的现代化
越冬宿舍楼，专供在南极越冬的队员居住。除了最底下的夹层作为储藏室，
储藏各类越冬食品和物资，居住层分为上下两层，中间是一个天井式的
封闭空间，宿舍楼围绕着这个空间分布，就像一个小型的客家土楼，十
分温馨。

雪龙号再回中山站，除了来接两支内陆队的队员回国之外，还有一
项重要的任务就是装卸物资。要把雪龙号上的两台重达 20 多吨的卡特车
卸载到站上，同时要把 20 多个集装箱的站区垃圾等装载上船带回国。

新任中山站站长汤永祥驻站以来，制订了垃圾收集、储存和搬运方案，并进行了垃圾启运准备工作。从内陆返回的昆仑队、格罗夫山队和固定翼飞机队的科考队员们也加入其中，和中山站队员一起变身"环保达人"，把站区的玻璃瓶、易拉罐等垃圾放进集装箱，运至熊猫码头，等待装载到雪龙号上运回国统一处理。

3月2日下午3点，秦为稼领队带领我们一起，来到熊猫码头查看码头附近的冰情和装载垃圾的集装箱的准备情况。这几天，秦领队一直在盼西风来，能把熊猫码头的大冰山吹走，以利于雪龙号能够尽量驶近码头，方便驳船将装满垃圾的集装箱运上雪龙号。

天气晴好，雪白的冰雪更显晶莹剔透，冰面上还散布着一小块一小块乳白色的小冰块，奇形怪状，在阳光照射下就像圆润光滑的白玉。已经装满了垃圾的24只集装箱，整齐摆放在码头上，随时等待被装载上船。

然而，码头不远处的大冰山和眼前的浮冰，并没有移动的迹象。只有等风来了！

看完现场，秦领队和党办主任李保华等就先行回中山站了。我们几位记者提出，机会难得，想拍摄一些熊猫码头附近的场景，所以就留了下来。我们翻过熊猫码头的小石丘，走过一段冰面，来到码头外的另一个石丘上。这个时候，我们撞见了一群阿德利企鹅，大概有10多只的样子。见到我们，好奇地向我们张望。正值换毛期，它们的新毛已长得差不多了，但还有一些旧毛没有褪完，小家伙们失去了以往整洁油亮的外表，有点风中凌乱地"狼狈"。

换毛期的阿德利企鹅

我们从小石丘下到岸边，前方二三十米处就是高大的冰山，海面上的浮冰如一片片巨大的荷叶，随着海潮轻轻摆动，深蓝的海水从浮冰的缝隙涌出来。没有暴烈的冰雪和彻骨的严寒，和煦的阳光静静洒在这片白色的冰原上，这是南极最美好、最温和的季节。

此时，我们怎么会想到，眼前的景象竟暗藏着致命的危险呢？

"请大家赶紧回站！"

此时，我们远远听到李保华的呼喊，秦领队让他专程跑来叫我们立即回站。虽意犹未尽，但我们必须服从命令，从熊猫码头往回走。时间已经接近下午5点了。

谁能想到，几个小时之后，一场罕见的冰崩在熊猫码头附近发生了！

中山站越冬队员姜鹏是第一个目击者。当晚10点30分，他结束在六角楼的工作，正打算回越冬楼休息。一出门，就听到远处轰隆隆的响声，借着月色，姜鹏隐约看到海面上腾起了一阵白烟。疲惫的他心想这可能是海中冰山上的冰块坍塌掉落，这在南极十分常见，并未太在意。

3月3日早上6点30分，与往常一样，秦领队早早起床。他习惯性地往熊猫码头方向观察码头冰情，一看顿时愣住了……他随即在微信群里发了一条信息："坏了！码头的集装箱都入海了！"

冰崩的消息迅速传开。

冰崩后一片狼藉的码头　　　　　　　　大大小小的冰山碎块被推上海岸

冰崩后冰山浸泡在海里的部分翻到了顶部

匆匆吃过早饭，秦领队叫上汤站长等人一起直奔熊猫码头。通往码头的最后 200 多米路早已被大大小小的冰山碎块覆盖。

现场犹如惊心动魄的灾难片：大冰块的厚度可达好几米，有的足有一辆卡车大小，冰块中带着深色的藻类和泥土，一看就是因巨大冲击力从海水下面翻腾上来的。

码头边一片狼藉，原先码放整齐的 24 只集装箱，横七竖八地散开，有的钢架被冰块砸断，有的被砸变了形，里面的废弃垃圾散落一地，有的甚至被推落到海水中。码头上碗口粗的缆桩都被撞断了，海面上还漂浮着几只企鹅的尸体……

再看远处，昨天我们看到的最大冰山不见了，海面上多出来一座发着幽蓝光芒的小冰山，冰山顶部是一道道深色痕迹——这原是冰山浸泡在海里的部分，现在翻到了顶部。

秦领队分析："昨晚东风压着冰山往浅水走，低潮一到，搁浅的大冰山水下浮力不够就翻了。"看着眼前的景象，这位"老南极"也不免心有余悸，"幸好发生在夜晚，没人在码头作业，而且雪龙号在 20 公里外，不然后果不堪设想……"

瞬时之间，天地翻覆，翻江倒海！南极向我们显示出可怕的力量。想到数小时前，无知的我们还在那个随时要翻身的庞然大物前，悠游自在地享受着美景，不禁心惊胆战。

回到中山站，秦领队第一时间向国家海洋局发出报告，汇报了中山站冰崩及码头被冰浸的情况。

按照计划，综合天气和海况，雪龙号将在3月3日下午2点回到中山站附近海域，用直升机接回最后撤离的队员。待到3月5日和6日气象预报中的微弱西风过程出现，雪龙号再返回中山站。科考队还是想争取将集装箱运回国。

"不能就这样放弃！"秦领队下达指示，中铁建工的4位工人留下修路。一声令下，4名已经完成所有南极现场工作准备回船的中铁建工工人张健、粟敢、韩桂军和周建良二话不说，换上了工作服。当晚，极地中心考察运行部的张体军的嗓子已经喊哑了，4名工人的眼睛也熬红了，熊猫码头近处被海冰掩埋的200多米路终于通了。这大大鼓励了科考队，几位领导的意见高度一致，集装箱必须尽力回收，杜绝所有环境事故隐患。

5日上午，雪龙号如约向中山站靠拢，船长通过高频通话与在中山站的领导会商气象和冰情。然而，天公不作美。之前预报的5日、6日下午的微弱西风过程似乎不会出现了，码头的海冰仍没有开冰的趋势，从5日下午起，用不上一周，中山站将风雪交加。

冰崩后科考队员查看码头情况

一边，秦领队给船长下达指令："以直升机为主、以小艇为辅准备，争取赶在下雪前回船。"最后一批撤离中山站的人员迅速收拾行装。

另一边，争分夺秒的抢修工作仍在进行，5日上午，4名工人又从碎冰堆里整理出6只集装箱。

直到5日下午2点，秦领队、张体军和4名工人作为最后一批撤站人员撤离上船。登上直升机前，秦领队紧握汤站长的手嘱托道："把熊猫码头的集装箱收回来，就拜托你们越冬队了。"

接下来的时间里，他们根据天气见缝插针地作业，暴风雪时，在车库检修、维护车辆；晴天时，清理码头，回收集装箱。

3月14日，雪龙号收到一份中山站发来的传真：中山站越冬队员已成功把22只集装箱拖拽、摆放回原处。随着南极冬季来临，跌落稍远海中的2只集装箱和海冰冻在了一起。

"等到海冰化开，一定要把这两只也捞上来，决不能污染南极的海洋环境。"这是每一位中国科考队员的心声，也是每一位南极人对这块净土的敬畏。

面对这场中山站建站以来罕见的自然灾害，没有人退缩，而是表现出超乎寻常的冷静、高度负责的态度、团结协作的精神。

法国哲学家帕斯卡那段著名的话，在这里有了最鲜活的注脚——

"人只不过是一根苇草，是自然界最脆弱的东西，但他是一根能思想的苇草。用不着整个宇宙都拿起武器来才能毁灭他；一口气、一滴水就足以致他死命了。然而，纵使宇宙毁灭了他，人却仍然要比致他于死命的东西高贵得多，因为他知道自己要死亡，以及宇宙对他所具有的优势，而宇宙对此却是一无所知。"

这，或许正是无数人甘冒危险，一次次向危险进发的动力所在。

再见中山!
何时再见?

12

要走的人,要留的人,都有一种默契,脸上尽量保持笑容,今天是阴天,有几位队员仍戴着墨镜。

2016年3月5日

3月5日,直升机搭载着度夏队员离开中山站

3月

5日，终于到了告别的时刻。

"今天要快乐告别。"在我们即将乘直升机前往中山站与越冬队员道别时，科考队副领队孙波这样叮嘱。

越过冰山，中山站再次呈现在眼底。主楼、六角楼、度夏宿舍、发电栋、京剧脸谱油罐，"气象山"、天鹅岭、西南高地、"莫愁湖"、熊猫码头，3个月前初次相识的中山站，如今已成为一个个熟悉的地名。

直升机降落度夏楼前的停机坪，中山站站长汤永祥前来迎接。正值午饭时间，大厨陈俊革准备了一顿丰盛的午餐，还特地包了饺子。"上车饺子，下车面。"饭桌上，大家仍有说有笑，似乎与往常没什么区别，但心里都明白，尽量淡化离别的感伤。

吃完午饭，继续闲侃。我们都夸大厨陈俊革今天可把"压箱底"的手艺拿出来了，医生陈俊也在，大家伙又开两人玩笑："大厨真是医生的好哥哥（革）。"其实，陈医生年长许多，犹记去年11月6日，从上海的中国极地研究中心乘大巴前往雪龙号停靠的码头时，我和陈医生刚好相邻而坐，他是我最早认识的科考队员。不禁感慨，时间过得飞快。

中山站食堂里挂着的一副春联，"红豆相思远犹近，金兰齐心寒亦暖——情亲为极"

"请全体队员到停机坪。"下午1点左右，直升机即将起飞，汤永祥站长通过对讲机通知全体越冬队员集合。

度夏队员与留守越冬的队友拥抱告别

"9个月后一定来接我们""安全越冬，快乐越冬""摄影大师，祝你拍出绝世大片""天文学家，祝你发现新的行星""保重""再见"……握手、拥抱、拍打肩膀，最后相互叮嘱、祝福。要走的人，要留的人，都有一种默契，脸上尽量保持笑容，今天是阴天，有几位队员仍戴着墨镜。

南极夏天快要结束的时候，一部分科考队员会随雪龙号撤离南极，另外一部分则要留在科考站过冬，即便是在漫长而寒冷的极夜，他们也要保证科考站设备的安全运行和一些常年观测项目的顺利进行。

当科考队领队秦为稼、副领队孙波和几名度夏队员，乘坐第一架次直升机先走的时候，大家基本做到了"快乐告别"。直升机旋翼的巨大下洗气流激起漫天尘土，迎面吹来沙风土雨，打在脸上，站在地面的送别队员不得不背转身去。等再转过头来，直升机已飞过度夏宿舍，飞越老主楼、发电栋，在空中远去。与当年乘小艇渐行渐远的感觉相比，心里确实不那么难受。

中山站越冬队员告别即将离开的度夏队员

04 雪龙环球记

这么多年，每年3月初，同样的地方，都要上演这么一场告别。从最早的痛别，到如今的惜别，甚至"快乐告别"，不仅因为主观地有意为之，更折射出了我国极地科考物质保障条件的巨大改善。当年雪龙号一走，几乎意味着天南地北、音讯隔绝、无依无靠，如今，中山站已通网络，手机信号覆盖，越冬队员们的生活已不可同日而语。

1984年11月20日，我国首支南极科考队从上海出发，登陆南极，建立了我国第一个南极科考站——长城站。1985年，出于国家建设需要，国家提出了当年建站当年进行越冬的考验，于是从591位队员中选出8人，组建了我国首支南极科考越冬队，8名勇敢坚韧的队员挺过了为期9个月与苦寒相伴的南极越冬生活。1985年10月，我国一举成为国际《南极条约》的协商国，取得对南极国际事务的决策权与话语权。

第一架次先走，我们4名记者和剩下的3名度夏队员，乘第二架次最后离开。等待的间隙，我们招呼所有越冬队员来张合影。"开心一点，摆个动作，快乐越冬，展示中山站越冬队的风采。"汤永祥站长鼓励大家。

留守越冬的19名队员，有执行气象常规观测、高空大气物理观测、天文观测、固体潮及地磁观测等科考项目的科研人员，还有负责站区运行和维护的通信工程师、电工、水暖工、机械师、厨师、医生等后勤保障人员。漫长的南极冬季已经到来，他们将面临极夜、酷寒、暴风雪等种种考验，在中山站坚守到今年年底，等待雪龙号再次到来。

直升机声音再次响起，越来越近，绕过六角楼上空，飞过"莫愁湖"，再次降落在停机坪。最后一批人就要走了。我们登上直升机，往外一看，感觉这回情绪比刚才凝重了许多，我一边拍摄，一边不断挥手，伸出大拇指表示敬意。

直升机搭载着度夏队员离开中山站

中山站越冬队员合影

突然间，透过相机取景器，我看到电工李玉峰大哥竟然哭了，一直戴着的墨镜掩藏不住悲伤的表情。这位"李勇士"怎么会哭呢？3 个月前的 12 月 6 日，我们 12 人驾驶 5 辆雪地车连夜通过普里兹湾的陆缘冰登陆中山站，中途要过一个大冰缝，眼前这位"勇士"，驾驶殿后的最后一辆雪地车，毫无畏惧、一冲而过的英勇场景，犹如昨日。

我再回转头，看到坐在我旁边的机械师粟敢，也已眼泪汪汪。这可是个可以开大吊车"耍绝活"的壮小伙。男儿有泪不轻弹，只是未到伤别时。情绪瞬间传染，愿不愿意，告别终究难以"快乐"。

直升机腾空而起，机舱内嘈杂的声响，掩盖了此刻无尽的沉默，向下望去，队友们渐渐远去，中山站渐渐远去。下午 2 点，随着一声长长的汽笛响彻普里兹湾，雪龙号调转船头……

再见中山！何时再见？

最后的道别（张雷摄）

最后的道别

再见中山！——站在雪龙号甲板上告别中山站的这两位科考队员，是连续经历了中山站越冬及度夏的刘杨和李航。2014年12月，他们来到中山站，在这里度过了450多个日日夜夜。要走了，刘杨说："就像告别自己的家一样，真有点舍不得，还想回去再看一眼。"

05

风雪南极人

冰天雪地里相互温暖的纯粹友谊，经历大风大浪而心静如水的老水手，俯冰瞰海、胆大心细的极地飞行员，用青春之火钻取极寒冰芯的科研工作者……风雪中的南极人，都为置身于一项伟大光荣的事业，而感到一种自豪感、使命感。

南极访友记　01

在这片白色冰冷的大陆上，不同语言、不同肤色的人们，有缘万里来相会，不亦乐乎？不亦乐乎！

2016 年 2 月 29 日

2015 年 12 月 14 日，澳大利亚戴维斯站科考队员与前来访问的中国科考队员合影留念

在地球上，恐怕也只有这么一个地方，没有国界、不用护照、无须签证，你就可以来一场"说走就走的旅行"。在南极，先后有29个国家建立了110多个大大小小的站点，其中有常年性的科考站，有季节性的度夏科考站，也有临时的基地、营地，它们绝大部分都分布在南极大陆的边缘和海岛。

此次南极考察，我们随雪龙号环绕南极大陆航行，有幸先后正式访问了澳大利亚戴维斯站、印度巴拉提站、韩国世宗王站、美国麦克默多站、韩国张保皋站、澳大利亚凯西站、俄罗斯进步站等7个外国南极科考站，创造了单个航次访问外国科考站最多的纪录。

这些访问，无须通过繁杂的外事手续，往往只是提前发一封电子邮件，就会收到热情的邀请，就像到朋友家中拜访一样。在世界尽头，更加印证了孔夫子的那句话——有朋自远方来，不亦乐乎？

俄罗斯进步站："南极好邻居"

先从距离我们最近，也是我们近期刚访问的科考站说起。在北半球

俄罗斯进步站二站，东经76度23分、南纬69度23分，1989年建成

的欧亚大陆东部，中国和俄罗斯是具有漫长边境线的友好邻邦，在南极普里兹湾拉斯曼丘陵的协和半岛，中国南极中山站和俄罗斯南极进步站（进步二站）同样比邻而居，两站直线距离不到一公里。

俄罗斯是最早进行南极考察，并在南极建立科考站的国家之一，目前共有东方站、和平站、别林斯高晋站、进步站、新拉扎列夫站、青年站、列宁格勒站、俄罗斯站等8个常年性科考站，还有多个度夏站和基地。

所谓常年性科考站是指科考站全年且长期运行，与仅仅在南极夏季短期运行的度夏站相比，常年性科考站规模一般比较大，科研、发电、住宿、通信等设施齐全，在漫长的南极冬季仍有越冬队员留守工作。我国目前在南极的4个科考站中，长城站、中山站属于常年性科考站，泰山站、昆仑站则是度夏站。

2月29日，科考队员领队秦为稼、中山站站长汤永祥等一行10人，一起来到进步站拜访。出发不一会儿，我们就到了进步站的主楼下一座黄白相间的两层建筑，外墙上是俄罗斯国旗及俄文"进步"的标志。进

2月29日，中国科考队员到俄罗斯进步站访问　　　　科考队领队秦为稼与进步站站长德米特里亲切握手

步站站长德米特里站在楼梯口迎接我们。

"进步站是中山站最好的邻居，中山站的队员和进步站的队员都是好朋友。"秦为稼领队说。在站长办公室里，中俄老朋友互赠礼物，坐下来畅叙友情。德米特里是俄罗斯第61次南极科考的越冬站长，上一任站长安德烈刚刚结束任期回国。

同样在这间办公室，两个月前，我们搭乘雪龙号第一次到达中山站时，就进行了一次"民间访问"。当时，几名队员从中山站徒步到附近的澳大利亚劳基地参观，回来时累得实在走不动，刚好路过进步站，越冬队员刘杨就带我们到进步站里"歇歇脚"。一个冬天过去，这里已经是刘杨可以随时敲开大门的地方。时任进步站站长的安德烈热情接待了我们，招待热茶、咖啡，使我们冻僵的身体很快暖和过来。

当时已经晚上10点多，来拜访有点晚了，我们表示了歉意。安德烈则笑着说："在南极，任何时候都不算晚。"（"It is never late in Antarctica."）这难道不是"全天候友谊"的一种最佳诠释吗？

2月8日，大年初一，中山站邀请进步站的队员前来做客（穆连庆摄）

"在两国南极科考中，进步站和中山站具有相同的使命，我们非常希望两站进一步合作，加深我们之间的友谊。"秦为稼领队表示。

距离进步站约 1500 公里的东方站，是俄罗斯最重要的南极内陆科考站。德米特里介绍，从 2008 年之后，东方站物资补给除了部分直接空运外，主要通过进步站来地面运输。每年夏季，俄罗斯破冰船抵达进步站，雪地车队就载着物资从这里出发深入内陆，8 辆雪地车，16 人两班倒，人休车不休，整个夏天可以往返进步站与东方站两趟。

与之相似，中山站也是我国南极内陆科考的重要支撑保障基地，位于南极内陆冰穹 A 地区的昆仑站距离中山站 1200 多公里，每年雪龙号载着科考队员和物资于 11 月底或 12 月初到达中山站，从这里组织内陆科考车队，向南极内陆的昆仑站挺进。

在两国南极科考的历史上，中山站、进步站互帮互助的例子不胜枚举。座谈中，秦为稼领队向德米特里站长提及 3 段往事：2008 年 10 月，进步站的主楼遭遇火灾，造成重大损失，房屋几乎夷为平地，中山站主动伸出援手，为20多名俄方队员提供了住宿和饮食，并为其中3名受伤队员提供了医疗救治；2008年12月，在中国的内陆科考车队从中山站出发行进的过程中，一辆雪地车发动机的风扇叶坏了，找遍整个中山站都没有这个零部件，多亏进步站友情提供；2010年1月，一名中山站的机械师在工作中腹部严重受伤，必须立即进行外科手术，中山站没有麻醉条件，进步站及时帮忙，两国医生共同在进步站手术室里，连续进行了8小时手术，才使受伤队员脱离生命危险……

如今，中山站有了互联网，进步站的朋友们常来中山站"蹭网"，在中山站的食堂里，也有前来品尝中国菜的邻居身影。天气好时，两站的队员们会在室外进行雪地足球赛和排球赛，切磋球技，增进友谊，而每逢各自的重大节日，都会邀请对方前来做客，共同庆祝，一起热闹。

座谈后，德米特里站长带领我们参观了站区。今年，在进步站越冬的队员共有22人。进步站的各项功能设施都集中在两座大楼里，4层的主楼里有队员宿舍、餐厅、娱乐室、办公室、医务室、气象室、通信室、健身房等，另外一栋大楼分上下两层，集中了车库、发电房、工作间等。

进步站的餐厅

中国科考队员参观进步站的车库

总体感觉，进步站的建筑风格以实用为主，活动空间不大，比较紧凑，但是设计合理，利用率很高。以医务室为例，目前进步站共有两名医生，可以进行麻醉手术，不大的空间里，推开一道道小门，诊疗室、医药间、手术室甚至专门的牙科诊室等一应俱全，就像一座小型迷宫。车库里，利用发电机组余热的水循环系统可以用于供暖，为机械师维修、保养雪地车提供了良好的环境。

进步站的牙科诊室

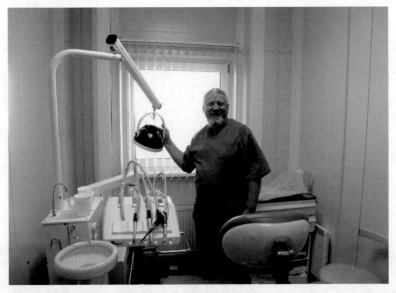

短短一个多小时的访问，让我们对进步站有了进一步的认识。中国有句老话说，远亲不如近邻。比邻而居的中山站和进步站，将延续"南极好邻居"的珍贵友谊。

澳大利亚凯西站，东经 110 度 32 分、南纬 66 度 17 分，1969 年建成

澳大利亚科考站：细微之处见精神

2 月 21 日，雪龙号抵达凯西站，将从澳大利亚弗里曼特尔港运来的 392 吨物资卸运到凯西站，并将其站区垃圾等部分物资装运上船运回澳大利亚。雪龙号万里迢迢为凯西站运送物资，足见中澳两国南极科考合作的深厚友情。

凯西站位于东南极的温森斯湾，与澳大利亚本土隔着东南印度洋遥遥相望。目前，澳大利亚在南极共有 3 个常年性科考站，分别是凯西站、戴维斯站、莫森站，其中凯西站是最大的科考站，莫森站是最早建立的科考站（建于 1954 年）。

263

凯西站码头

"海上观光电梯"

凯西站站长皮特

凯西站的消防车

　　卸货期间,凯西站热情邀请中国科考队员上站参观。从雪龙号乘坐"海上观光电梯"(用大吊车吊着铁笼将人从船舷下放到小艇上),转乘小艇驶进温森湾,不一会儿就看凯西站码头上立着的黄色英文字母"CASEY",沿着海岸边的高地上,是一排红、绿、蓝、黄等不同颜色的建筑。

　　凯西站站长皮特开着一辆全地形车来接我们。中国客人来了,凯西站上同时升起了中澳两国国旗。主楼、发电栋、科研楼、仓库、工作间……各种不同功能的建筑,用不同的外表颜色予以区别。

　　皮特首先带我们走进绿色的仓库,高至房顶的一排排大货架上,分层摆放着各类物资,井井有条,精细化的存储管理令人印象深刻。红色的消防楼里,消防车、消防服、高压水枪等设备一应俱全。皮特说,站上的所有队员都经过消防培训,一旦发生火情,"消防队"可以随时出动。

　　凯西站的另一个鲜明特色就是生活气息浓厚,走进主楼,我们立刻

凯西站主楼内部

感到一种温馨舒适的氛围。类似阁楼（Loft）的跃层大厅，台球桌、乒乓球台、飞镖区、健身房、图书馆、迷你酒吧、小型电影院，应有尽有。橱柜里摆着锈迹斑斑的当年物件，墙上挂着历次南极科考的老照片，和现在各个科考队员的宠物萌照。落地窗边，放着几把皮沙发以及一组高脚凳和小圆桌，室内温暖如春，窗外白雪皑皑。

　　参观中，我们还发现了一个温馨的小细节，在主楼对面的小高地上，立着一块写着"HAPPY BIRTHDAY ALEX"的牌子，本以为当天是一位名叫Alex的队员生日。皮特却解释说，其实这位Alex人并不在凯西站，通过安装在另一栋楼楼顶正对着牌子的摄像头，Alex在澳大利亚国内就可以通过网络实时看到这块牌子上的文字，收到来自南极的生日祝福。

凯西站主楼对面的小高地上，立着一块写着生日祝福的牌子

澳大利亚戴维斯站，东经 77 度 58 分、南纬 68 度 35 分，1957 年建成

　　时间跳回两个月前的 2015 年 12 月 13 日，中国科考队访问了此行的第一个外国科考站——距离中山站 109 公里的澳大利亚戴维斯站。戴维斯站建成于 1957 年，建筑规模与凯西站大致相当，在站人数比凯西站略少一些。戴维斯站的建筑风格与凯西站几乎一模一样。

　　在戴维斯站访问时，有两个细节令我们印象深刻：在戴维斯站站长比尔的办公室里，我们竟然发现了从 1957 年戴维斯站建站至今历任站长的"站长日记"，这些日记排列在书架上，不仅记载了历史，也为后人提供了可循的经验；另外，戴维斯站的工作间也让我们记忆犹新，大大小小的锤子、扳手、锯子、钳子、螺丝刀等工具，都摆放得整整齐齐，毫无杂乱之感，细微之处见精神，这种精细化的管理非常值得我们学习。

　　值得一提的是，不管是戴维斯站的站长比尔，还是凯西站的站长皮

中澳两国科考队员在戴维斯站切磋球技

特，他们在来南极之前，从事的工作都与南极无关——比尔是一名警察局长，皮特是一名检疫员。皮特告诉我，澳大利亚的南极科考站站长是面向全国公开选聘的，只要通过相关考试和培训，就可以上岗。在历任的澳大利亚南极科考站站长中，他们从前的职业包括工程师、医生、记者等。即将接替皮特的新一任凯西站站长是一名司泵工。结束站长工作，皮特回国后仍将继续他的检疫员工作。

戴维斯站的"站长日记"　　　　　　　　戴维斯站工作间的墙上挂着各式工具

05　风雪南极人

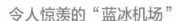

令人惊羡的"蓝冰机场"

　　澳大利亚在南极最令我们羡慕的还是神奇的"蓝冰机场"。参观凯西站的第二天，2月22日，正是元宵节，中国科考队一行7人乘直升机飞往距离凯西站约65公里的威尔金斯机场参观访问。

　　所谓蓝冰是指冰雪由于长年层层累积压实作用形成的坚硬冰体，其颜色呈现淡蓝色。当我们乘坐直升机掠过蓝冰上空时，不禁被眼底的景象所震撼。

　　这是一片蔓延几十公里的巨大蓝冰，表面积雪率极低，阳光穿透厚厚的云层，斑斑点点洒在冰面上。稀薄的积雪下，闪现着蓝宝石般的晶莹绚丽。蓝冰的蓝与积雪的白相互映衬，在风力作用下，积雪在蓝冰上形成了不规则的纹路，有的如潮水冲刷的海滩，有的如绵延万顷的森林，有的如千军万马的战场，极尽大自然的鬼斧神工。

　　眼底的蓝冰美景仅仅只是一方面，对澳大利亚人而言，没有比这里更适合建设一个大型冰盖机场的地方了。坚硬的冰体提供了足够的机械承载力，经过处理的积雪覆盖其上又提供了摩擦力，加上常年的低积雪率，威尔金斯机场已是南极冰盖机场成功运行的典范。目前，在南极具备如此条件冰盖机场的只有少数几个国家。

　　直升机抵达"蓝冰机场"上空，我们看到一条笔直的跑道向远处延伸，跑道边大概有10多座建筑。直升机特地在"蓝冰机场"上空盘旋了两圈，然后降落在机场塔台前的停机坪。机场负责人米基热情接待了我们，并详细讲解了机场的情况。

　　据米基介绍，威尔金斯机场跑道呈东西走向，逆风起降设计，长度达

威尔金斯机场的飞机跑道

威尔金斯机场的工作人员

4000 米，坡度 5.2 米，足以起降如 C-17 这样的大型运输机。今年的南极夏季，威尔金斯机场已起降了 20 多架次的空客、C-17 等运输机，其中空客每架次能运载 25 人，C-17 每架次能运载 77 吨货物。不久前，我国首架极地固定翼飞机"雪鹰 601"就是从这里转场离开南极的。

威尔金斯机场有激光云高仪、能见度仪等气象预报设备，各类机械设备齐全，除了工程车辆外，凯西站还提供一辆能够运载 22 人的机场大巴，用于站区和机场之间的通勤。目前，机场共有 8 名工作人员，运营时间为南极夏季的 11 月至来年 3 月，共计 5 个月。从澳大利亚霍巴特乘飞机到这里，只要四五个小时。

短短半小时的访问，我们一行 7 人无不对"蓝冰机场"啧啧称赞。60 岁的科考队副领队李果说，到这里又找到了与人家的差距；有 30 多年飞行经验的直升机机长李凤山说，这么好的机场完全可以起降更多更大的飞机，包括空客 380、波音 747；"80 后"的科考队党办秘书陈留林表示，产生了"羡慕嫉妒恨"的感觉。

"羡慕"凯西站进行人员轮换和物资补给的便捷，不用跨越重洋、航行万里进行船只运输补给；"嫉妒"凯西站附近竟有如此一块适合大型飞机起降的优质冰盖，以至于短短的 1 个月就可以建成机场；"恨"我们来到南极太晚，31 年的时间只争朝夕。

　　然而，我们虽然来晚了，但是中国人追赶和超越的步伐永不停息。就在今年，随着"雪鹰601"首航南极的成功，中国南极科考航空时代的大幕已经开启！

　　正如陈留林参观完所写："我憧憬着有一天，当我和队友们从宽敞舒适的客机上醒来，乘务员温柔的声音提醒我们已经到了中山站，机场上各类运输机忙碌的景象冲击着昨日与家人的离愁，来不及回味，熟悉的南极景色，我又来了，如此之快。"

2 月 22 日，中国科考队员结束访问，离开蓝冰机场

美国麦克默多站，东经 166 度 40 分、南纬 77 度 51 分，1956 年建成

美国科考站："南极第一城"

在目前的各国南极科考中，美国处于遥遥领先的位置。虽然美国在南极只重点运行了 3 个常年性科考站，麦克默多站、阿蒙森－斯科特站（南极点站）、帕尔默站，但都分布在南极大陆的重要位置。南极点站的战略地位不言自明，帕尔默站位于南极半岛，是进行海洋生物化学考察的重要基地。

麦克默多站所在的罗斯海，是南太平洋深入南极洲的大海湾，是地球上船舶所能到达的最南部海域之一，也是历史上人类通过船舶抵达南极大陆、进入南极大陆腹心地带最便捷的地方。由于优越的地理位置，该区域已集中有美国麦克默多站、新西兰斯科特站、德国冈瓦纳站、意大利马里奥·祖切利站、韩国张保皋站等 5 个科考站。

麦克默多站建成于 1956 年，位于罗斯海的罗斯岛。它是美国南极科考的大本营，也是南极规模最大的科考站，素有"南极第一城"之称，夏季最高峰时有 2000 余人在这里从事各项考察研究和相关工作。

2 月 7 日，科考队部分领导成员和队员代表一行 14 人，应邀访问了麦克默多站，这也是首次以中国科考队的名义访问该站。

从停泊于罗斯海麦克默多湾的雪龙号起飞，不到 10 分钟，一座"小城"映入眼帘。从空中俯瞰，麦克默多站依山面海，地势开阔平坦，大大小小的建筑绵延好几公里，令大家纷纷称叹。

美方首先请我们参观了麦克默多站的阿尔伯特科学和工程中心。走进这个巨大的科研中心，犹如走进某所大学或科研机构的实验楼一般。这里的实验室条件与美国本土完全接轨，实现了标准化的运行模式——只要你申请到了相关科研项目，麦克默多站就会提供统一标准的实验室，一旦项目结束，实验室必须回归原来的状态，提供给下一个科研团队。

罗斯海所在的西南极是地壳活动的活跃地带，附近分布着埃里伯斯火山、墨尔本火山、发现者火山等多座活火山，是地质研究的重点区域。参观中，美方科研人员展示了由安装在埃里伯斯火山口的实时监控设备拍摄的火山近期喷发的画面。据美方介绍，美国的科研人员曾冒险下到火山口里边，进行观察和采样。

停泊在罗斯海麦克默多湾的美国破冰船

麦克默多站的宿舍楼

　　正值晚饭时间，我们顺便体验了一把麦克默多站的自助餐厅。餐厅里人气很旺，有各式风格的食物，还有多种甜点和饮料，种类丰富。走在麦克默多站，与走在一个工业小镇没有任何区别。教堂、医院、公交车、自动取款机、可以刷信用卡的商店，还有两个酒吧、一个咖啡厅，队员宿舍是一排排两层的独栋小楼，街道有自己的名字，每天有往返新西兰的航班。走进酒吧里，三两好友相聚聊天喝酒，或者比赛飞镖和桌上足球，电视直播着 NBA 比赛的画面。这里的生活，一点都不单调。

　　访问期间，还有一个有趣的小插曲。我们一行正在餐厅用餐，一名美国人走到我们桌前，笑着问："你们是中国人吗？可不可以和你们打乒

停靠在麦克默多站码头的大型物资补给船

乒球？"大家一听都笑了，原来是想切磋球技。大家起哄，派我出马，秦领队也表示赞成，我只好"为国出征"，和这名美国朋友来到离餐厅不远的一间球室。交谈中，才知道他是麦克默多站的乒乓球冠军，叫鲍勃，是一名牙医。一看对方有备而来，我当然不能掉以轻心。比赛有来有回，站区冠军的水平确实不一般。当然，我们还是友谊第一，比赛第二。赛后，鲍勃还拉着我拍了一张合影。没想到，在南极，我也亲身经历了一段"小球推动大球"的故事。

值得一提的是，麦克默多站的码头条件绝对是我们看过的所有科考站中最好的。港口的水深条件之好，可允许一艘比雪龙号还大的油料补给船径直靠在码头上，通过油管油泵向站区进行油料补给。而其他国家的绝大部分科考站码头，万吨级的破冰船基本无法直接抵达，物资必须通过小艇来转运。

对于早已进入"航空时代"的美国南极科考而言，大型破冰船的作用只是运输补给，人员运送已经基本依靠飞机。正因如此，对于来此从事科研工作的科学家而言，南极并没有想象中遥远，无须远渡重洋的漫长漂泊，只要一到两天的飞行时间；对于这里的厨师、机械师、牙医，或者酒吧服务员、商店收银员而言，他们来到麦克默多站，或许就像在某个比较偏远的小城镇谋一份工作一样，只有望向窗外的埃里伯斯火山时，才想到这里是南极。

归结其背后原因，还是源自美国在南极强大的后勤保障能力，尤其是空中力量的支撑。想想，如果你今天还在纽约喝咖啡，明天就在南极罗斯海边的冰天雪地里看企鹅，会是一种什么样的感觉？

韩国世宗王站，西经 58 度 47 分、南纬 62 度 13 分，1988 年建成

别具一格的韩国科考站

　　韩国在南极目前建有 2 个常年性科考站——世宗王站和张保皋站，此次科考队先后对其进行了访问。世宗王站位于南极乔治王岛的巴顿半岛，与我国长城站直线距离约 8 公里，隔着一个小海湾相望。

　　世宗王站建成于 1988 年，是韩国第一个常年性南极科考站，与长城站建成年代（1985 年）相近。除了后来新建的主楼外，其他老建筑的风格与长城站早期建筑非常类似，都是用集装箱拼装而成的一层高架式建筑，建筑保养得很好，许多老建筑还在使用。世宗王站站长崔汉玖告诉我们，这些老建筑即将被拆除，要在原址上建起一栋面积较大的新式建筑。

　　韩国两个科考站中，给中国队员留下深刻印象的是位于罗斯海特拉诺瓦湾的张保皋站。张保皋站建成于 2014 年 2 月，是南极最新建成的科考站之一，也代表了当今先进的科考站设计理念。站区占地约 4200 平方米，由大小不等的 11 栋建筑组成，目前共有 28 名科考队员在该站从事各项工作。

张保皋站大部分建筑呈现统一的蓝色调，与不远处的深蓝海水交相呼应，从空中俯瞰，主楼的形状就像一个"人"字。据说，这是遵循了"天地人三才"的东方哲学理念，主楼的三翼是生活、工作、科研等不同功能分区。该建筑是由韩国政府统一招标，最终由韩国现代集团设计和建设的。

走进主楼，可以感受到现代的建筑设计理念，大厅顶上的玻璃窗户可以遥控开闭，采光条件很好。韩国张保皋站站长韩承佑通过幻灯片，为我们展示和介绍了张保皋站的大致情况，然后请在站队员一一自我介绍，向我们问好。

韩国张保皋站，东经 164 度 12 分、南纬 74 度 37 分，2014 年建成

张保皋站的驻站医生金永苏在一张白纸上写下汉字，欢迎中国客人来访　　　世宗王站立着的韩国传统木雕"长丞"

　　"你好，欢迎你们。祝你们新年快乐！"第一个向大家打招呼的驻站医生金永苏的标准中文，博得了热烈的掌声，瞬间拉近了大家的距离。当天是2月9日，刚好是农历大年初二。

　　参观中，金永苏带领我们走进他那间干净整洁的医务室。他在一张白纸上，用汉字一笔一画写下："有缘千里来相会，无缘对面不相识。有朋自远方来，不亦乐乎？"

　　"采菊东篱下，悠然见南山。我喜欢陶渊明、李白、杜甫和白乐天（白居易）的诗。"金永苏桌上，摆着两本厚厚的关于中国古诗解析与鉴赏的韩文书籍。他说，自己从小受到祖父的熏陶，喜欢中国诗歌，喜欢中国文化，最近正在认真研读司马光的《资治通鉴》，了解中国历史。

　　在张保皋站的主楼3层中控室里，隔着明亮的玻璃，美丽的墨尔本火山悠然而见，外面是寒风凛冽，里面却是两国科考队员热情交流的场景。临走前，韩国朋友还特地送了我们两大桶正宗的韩国泡菜。

　　就在访问张保皋站的前一天，中国科考队刚刚在距离不远的罗斯海难言岛为中国第5个南极科考站进行新站优化选址。相信不用多长时间，一座新的中国南极科考站即将矗立在这美丽的罗斯海边。到时，我们在南极的好邻居、好朋友，一定会越来越多。

2015 年 12 月 14 日，中国科考队员到印度南极科考站巴拉提站访问

　　除了上述 6 个科考站外，我们还以科考队的名义访问了印度的巴拉提站。此外，在长城站期间，不少队员还顺道去附近的智利弗雷总统站、俄罗斯别林斯高晋站，进行了"民间访问"。

　　总而言之，在南极，不同的科考站就是不同国家的浓缩展示，从站区设计到建筑风格，从管理方式到生活方式，各具特色，各有千秋。

　　合作，永远是人类南极考察的重要主题。在这片白色冰冷的大陆上，不同国家的科考站之间，相互温暖、雪中送炭，不同语言、不同肤色的人们，有缘万里来相会，不亦乐乎？不亦乐乎！

智利弗雷总统站的医院

"雪鹰601"在南极试飞成功，标志着中国极地考察开始迈入"航空时代"。

2016年1月9日

"雪鹰"展翅，飞越"昆仑"。这是一个令中国南极科考人欢欣鼓舞的时刻。

当地时间2016年1月9日17点54分（北京时间1月9日20点54分），我国首架极地固定翼飞机"雪鹰601"成功飞越位于南极冰盖最高区域、海拔超过4000米的昆仑站。然后，飞机不落地持续飞行，安全返回中山站。

这标志着我国首架极地固定翼飞机首飞南极取得试飞成功，具备了投入极地考察使用的条件，中国极地考察迈入"航空时代"。

"雪鹰601"飞翔在海天之间（汪南摄）

我国首架极地固定翼飞机"雪鹰601"飞越南极昆仑站（胡正毅摄）

南极"驼峰航线"

固定翼飞机飞越昆仑，不管是从飞越高度、飞行距离，还是从地理气候条件来看，其飞行难度都超过了飞抵南极点。不少关注和了解南极的人将其比作南极的"驼峰航线"。

自2015年11月22日抵达南极至今，"雪鹰601"已在南极累计飞行超过100小时，总飞行里程超过3万公里，累计起降13次，完成了多项飞行测试，开辟了从南极点飞越冰盖高原到达中山站的2304公里内陆中央航线，首次在泰山站成功降落和起飞。此次，从中山站飞越昆仑站并返回，是"雪鹰601"最关键的检验。

为了保证飞行成功，科考队进行了周密计划和精心准备。然而，尽

"雪鹰601"飞越的昆仑站，是距离海岸线最遥远的南极内陆科考站，位于南极冰盖最高点冰穹A地区，海拔超过4000米，距离海岸线1200多公里，年平均温度达零下58.4℃，空气稀薄，气压仅为海平面的57%左右，紫外辐射强烈。

"雪鹰601"停在中山站附近的冰盖机场　　　　　　　　　　"雪鹰601"在冰盖机场上空飞行

管"万事俱备",天气仍是最关键的因素之一。从中山飞越昆仑,两地的天气必须同时达到安全飞行条件。

南极中山站时间1月9日,"东风来临"。

13点31分,"雪鹰601"从中山站附近的冰盖机场起飞,飞行4小时23分钟后,成功飞越昆仑站上空,不落地加油,返回中山站。持续航程2623公里,持续飞行时间达9小时4分钟。

"雪鹰601"以航空史上经典的DC-3飞机为基础,经过改装后,其基本滞空能力接近10小时,单次飞行里程可超过2400公里,最大巡航速度为398公里/时,最大有效载荷5.9吨,可在高寒环境下飞行,半收放式雪橇和轮式起落架适用于冰雪与陆地两种跑道。为满足极地科考,特别是远距离内陆科考的需求,专门进行了科研改装,搭载了多套科学调查设备,算得上是一个可移动的空中实验室。

2017年1月8日,"雪鹰601"成功降落南极冰盖之巅的昆仑站跑道,并成功从极寒环境下起飞返航中山站。从此,中国极地考察步入真正意义上的"海陆空"协同时代。

"'雪鹰601'成功飞越南极昆仑站,持续飞行返回中山站,创造了在南极高原超长航程飞行的新纪录。"中国第32次南极科考队副领队、固定翼飞机项目负责人孙波表示。

此次高难度飞行全面验证了"雪鹰601"在南极高原环境复杂条件下的续航能力和动力系统、控制系统等的技术性能。飞机搭载的多套先进科学设备获得了具有重大价值的科学数据。这意味着,"雪鹰601"具备投入中国极地考察使用的条件。

极地"航空"之盼

2005年1月,我国首次登顶冰穹A的一名内陆科考队员突发高原反应,生命垂危,幸由美国南极科考队派出固定翼飞机成功搭救;2010年1月,中山站一名队员受到严重外伤,由澳大利亚南极科考队派出飞机成功营救;2011年1月,昆仑站一名科考队员突发病情,又是通过国外飞机搭救脱险……

近10年来,随着我国南极考察活动范围的不断扩大,对自有固定翼飞机的需求越来越强烈。用秦为稼领队的话来说,有没有可以第一时间到达的固定翼飞机的强硬支撑,是能否进入世界极地考察"第一梯队"的重要标志。

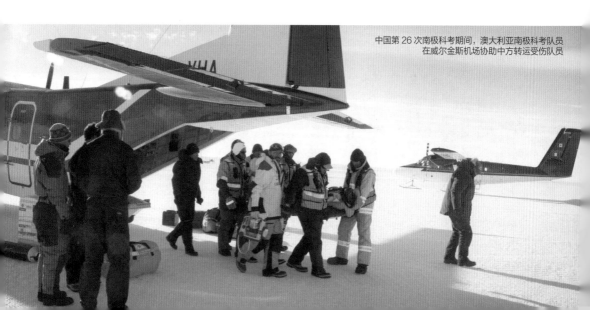

中国第26次南极科考期间,澳大利亚南极科考队员在威尔金斯机场协助中方转运受伤队员

雪鹰"三大利器"

"雪鹰601"在中国极地科考中将发挥什么作用呢？它的"三大利器"特别值得一提。

"雪鹰601"是高速的运输工具。

我国现有南极科考主要依托科考站、破冰船和内陆地面车队，每年南极夏季行进超过1200公里前往内陆腹地的昆仑站，科考人员和物资全部依赖雪地车来进行地面运输，往返一个半月时间，使得在昆仑站实际作业的时间只有20多天。

"雪鹰601"的投入使用，将彻底改变我国南北极考察特别是南极长途内陆野外考察没有空中力量支撑的局面。它可以发挥快速运输的作用，极大减少在途时间，降低天气等不确定因素的影响，为科考工作赢得宝贵的时间。同时，与地面大规模车队运输相比，也更加环保和经济。

"雪鹰601"是关键时刻的救命保障。

在茫茫南极内陆腹地，在出现科考队员突发受伤和疾病，需要紧急救援的时候，雪地车地面运输是根本来不及的，并且往往大大超出直升机的覆盖范围，只有依托可以快速抵达的固定翼飞机。

请求相关国家的飞机救援，也需要通过国际协调工作。危急关头，时间就是生命。因此，固定翼飞机的加盟，将为我国科考队员在南极的人身安全带来坚强保障。

"雪鹰601"是高效的科研平台。

"雪鹰601"同时配备了冰雷达系统、航重力仪、航磁力计、航空摄像机、激光高度计及高精度差分GPS等多套机载科学调查设备，其中部分设备已达到国际领先水平。例如，它搭载的冰雷达系统可以穿透冰层超过 5000 米，冰层深部分辨力达到 15 米，空间定位精度达到 25 厘米，是名副其实的空中"鹰眼"。

从科考角度，运用固定翼飞机进行南极冰盖航空遥感观测，可以大大突破人工地面观测的局限，同时与卫星遥感手段相比，有更强的穿透性和精确性，能够获得高质量大范围的第一手数据，大大提高科研效率。

作为一个参加了近 30 次南极科考的"老南极"，秦为稼领队这样概括"雪鹰 601"加盟中国南极科考的意义：

"中国南极科考在完全航空支持野外作业的能力上进了一大步，在高精度南极冰盖航空遥感观测上走在了世界前列，也意味着中国南极科考正逐步从参与者变为引领者。"

"雪鹰 601"掠过南极上空

地球表面最大峡谷 03

南极厚厚的冰层封印下，还隐藏着怎样的"异世界"？

2016年1月18日

中山站附近的冰盖机场（宋启升摄）

2016年1月18日，中山站传来好消息！

正在执行科考任务的中国第32次南极科考队，利用最新装备的中国首架极地固定翼飞机"雪鹰601"，搭载多套世界最先进的冰盖探测设备，对南极大陆伊丽莎白公主地进行大规模航空科学调查。随着科学调查的推进，中国科学家首次实地探明东南极冰盖底部存在着地球表面最大的峡谷。

南极洲东南极冰盖中部地区，由于地域偏远，是人类对南极冰盖迄今认识最少的区域之一。因地理位置十分独特，在对南极变化与全球影响的研究中，该区域具有重要的地位。

据中国第32次南极科考队副领队、冰川学家、"雪鹰601"项目负责人孙波介绍，一系列强有力的研究证据已经表明，南极冰盖与全球气候变化具有密切联系，冰盖底部湖泊和水系会对冰盖稳定性产生至关重要的影响。

自2015年以来，科学家通过卫星遥感资料和冰盖模型分析研究东南极伊丽莎白公主地冰盖的表面地貌特征，推测该地区冰盖底部应该隐藏着巨大的峡谷和冰下湖泊，由于事关冰盖稳定性与全球海平面变化等重大前沿科学命题，迅速引起广泛关注。

自2015年11月下旬起，正在执行科考任务的中国第32次南极科考队利用今年新装备的首架极地固定翼飞机"雪鹰601"，依托中山站良好的地面保障条件，通过多套机载设备，对东南极伊丽莎白公主地进行了大规模、系统性的航空科学调查。随着科学调查的推进，至今探测区域已经覆盖86.6万平方公里，占到全南极冰盖总面积的十五分之一，累计测线长度超过2万公里。

中山站所在的东南极大陆拉斯曼丘陵

孙波表示，截至目前，冰雷达现场探测数据确切证明，中国科学家在世界上率先获得了 3 个重大科学发现。

首次实地探明地球表面最大的峡谷存在于东南极冰盖伊丽莎白公主地的冰盖底部。

冰雷达探测数据清晰地表现出冰盖底部一条完整的大峡谷形态规模特征，该峡谷长度超过 1000 公里，顶部最大宽度 26.5 公里，深度超过 1500 米，从南极冰盖中央区域的甘布尔采夫冰下山脉北麓发源，完整贯穿伊丽莎白公主地，在东南极大陆边缘西冰架位置与南大洋连接，其规模大大超过美国科罗拉多大峡谷，成为地球表面迄今发现的最大峡谷。

南极冰盖底部最大的融水流域和"湿地"发育在东南极伊丽莎白公主地。

探测发现，该地区冰盖底部孕育众多的冰下湖泊和冰下水道，且相互贯通连接。数据显示，其中一个冰下湖泊的宽度达到 26.5 公里，另一个冰下湖泊发育在冰层厚度超过 4000 米的地方。冰下水流方向与冰盖表面流向明显不一致，影响着冰盖稳定性。

东南极冰盖伊丽莎白公主地深部冰层呈现大范围暖冰现象，表明冰下基岩地热通量显著异常。

冰雷达探测数据显示，这里的深部冰层温度明显高于其他区域，更易于融化形成冰下湖泊和水系。暖冰的存在，与冰下地质构造、板块结构和岩石热状况密切关联，这为地质学家研究南极大陆形成演化提供了新的视野和命题。从南极冰盖对全球的影响来看，冰盖底部界面灾变的不确定性，远远大于冰盖表面冰气界面的不确定性。

中国科考队获得的冰雷达探测影像清晰显示出冰下湖的位置，影像下部出现明亮、平坦的反射层（孙波提供）

"这次由中国科学家领衔的航空科学调查行动，取得的阶段性现场考察成果令人非常振奋。"孙波说，这三大发现对深刻理解冰盖稳定性及其对全球海平面的影响、揭示冰下地质构造和热状态及其演化、寻找南大洋超冷水和底层水生成源区等都具有重要意义。

中国科学家的重大发现，已经引起国际同行的关注和认可。孙波介绍，国际著名冰川学家马丁·西格特教授特地发来邮件表示祝贺，并认为，中国南极科考队实地探测证明裂谷和湖泊的存在无疑是重大发现。英国科学家斯图尔特·贾米森表示现场确认验证非常重要，祝贺中国取得的重要发现。

秦为稼领队认为，我国南极科考队在南极现场取得重大进展和发现，厚植于我国南极科考 30 多年的经验积累，是后勤保障能力的提升和国家加大南极科考投入的综合结果。

"固定翼飞机及其机载科学调查设备，表现出优越的技术性能和南极

正在融化的南极冰山

适用性。科考平台和技术手段的先进性为我们取得研究突破奠定了坚实基础。"秦领队说。

想象一下：数公里的冰盖下面，隐藏着长度上千公里的巨大峡谷和宽度数十公里的冰下湖泊。

厚厚的冰层封印下，还隐藏着怎样的"异世界"？

　　南极大陆厚达数公里的冰盖下面，并非完全一片黑暗和荒芜。自 20 世纪 60 年代以来，科学家已在南极冰盖下发现数百个冰下湖。其中，位于俄罗斯东方站下方约 3700 米深的东方湖，是面积最大、最深的一个，长 300 公里，宽 30 至 80 公里，深约 1000 米。这些冰下湖的独特之处在于，其生态系统已与地球的大气层和表层生物圈隔绝了数百万年。因此，科学家推测这里可能存在着未知的生物。

　　2012 年，俄罗斯南极科考队经过 30 多年的努力，终于钻透 3700 多米厚的冰层，从东方湖提取了 30 多升水。2014 年 8 月，《自然》杂志登载一项研究显示，美国的研究人员采用可避免事先沾染微生物的净化钻探和取样技术，在南极冰盖下 800 米的惠兰斯湖中提取了水和沉积物样本，其中至少包含 3931 种微生物。研究人员认为，融冰及冰层下的岩石和沉积物可能是它们的营养来源。对冰下湖的研究有助于科学家勾勒地球以万年为计的长周期气候变化趋势图，并有助于了解生命延续的极限条件。

为"龙"添翼 04

> "最近处，旋翼与雪龙号上巨大的吊车吊臂之间大概只有 5 米……要求飞行员具备精湛的飞行技术，就像用绣花针一样操作。"
>
> 2016 年 3 月 6 日

中国第 32 次南极科考队直升机机组的 8 名成员

在航行于南极冰海的雪龙号上，有一支精锐的"空中力量"：他们飞越长空，俯瞰海冰，为"雪龙"探路；他们来回飞行，运送队员，为科考助力；他们起降频繁，吊挂物资，为"雪龙"添翼……他们，就是中国南极科考队的直升机机组。

"海豚"直升机从雪龙号后甲板的停机坪起飞

"雪龙"停下的位置即"雪鹰"起飞的地方

特殊的自然环境,决定了南极科考是一场"海陆空"力量的共同接力,不仅需要远航万里的破冰船和爬坡过坎的雪地车,机动灵活的直升机更必不可少。

在雪龙号尾部的巨大机库里,同时搭载了"雪鹰12"(Ka-32型)和"海豚"(SA365N型)两架直升机,用于执行人员运输、货物吊挂、后勤保障和科研支持等各项任务。"雪鹰12"是多功能中型直升机,最大起飞重量可达12.7吨,常用于货物吊挂运输;"海豚"相对小巧灵活,巡航速度快,主要用于人员运输。两架直升机共配备了8名机组成员,包括4名飞行员和4名机械师。

2015年12月3日,经过连续2天艰难破冰,搭载中国第32次南极科考队的雪龙号,停泊在距离中山站23公里的普里兹湾陆缘冰区。探冰

"雪鹰12"直升机在普里兹湾进行吊挂作业

"雪鹰12"直升机在吊挂运输
一台北极卡车（刘晓平摄）

情况表明，今年陆缘冰的冰面积雪厚而松软，海水侵入，无法通过雪地车进行冰面运输。科考队决定，采取掏箱作业，将物资从集装箱内卸出，通过直升机吊挂形式运输至中山站。

雪龙号停下脚步的位置，就是"雪鹰12"和"海豚"直升机起飞的地方。雪地车冰面运输不能执行，直升机吊挂的工作量几乎翻倍，为了保证两支内陆科考队准时出发和雪龙号及时离开，中山站卸货作业只许成功。

科考队上下全体动员，直升机机组连续奋战，"雪鹰12"频繁来回雪龙号与中山站和内陆出发基地之间，共飞行了30架次，每架次往返5至6趟，共计运输货物553吨，人员204人次。

"在那8天时间之中，我们基本是从早上8点开始，最晚一直工作到晚上12点，中间只有吃饭时，可以短暂休息一会儿。时间紧、任务重、密度大，人和直升机几乎都达到了规定的最大工作量，终于顺利完成任务。"此次带队的机长李凤山说。

像用绣花针一样操作直升机

　　"风向 80 度，风速 11 米，货物离大舱盖高度 50 米，向左 2 米，保持，货物高度离大舱盖 40 米，30 米……位置好，3 米，2 米，1 米，货物接地。"2016 年 3 月 2 日，南极普里兹湾，科考队的"雪鹰 12"直升机正在将一个从中山站吊来的长 5 米、宽 4 米的木箱，一点一点下放到雪龙

"雪鹰 12"直升机在停泊于中山站附近的雪龙号上空，进行舱盖吊挂作业（袁东方摄）

高难度的直升机舱盖吊挂作业（袁东方摄）

号中部舱盖板上。

甲板上，直升机机械师刘晓平，随时通过电台指挥调度，通报直升机与船体之间的高度和距离。空中，机长李凤山全神贯注，握紧手中的驾驶杆，仔细观察并调整方位和高度，副驾驶梁高升严密监控飞机的工作状态，并通过窗户和反光镜，不时提醒身边的机长。

"最近处，旋翼与雪龙号上巨大的吊车吊臂之间大概只有5米，对直升机来说，这已是非常小的安全距离了。这种吊挂作业要求飞行员具备精湛的飞行技术，就像用绣花针一样操作。"梁高升形容说。

在同事眼中，机长李凤山是一个"可以把直升机当吊车使的人物"。已经57岁的李机长，曾是原空军唯一的直升机独立团的飞行员。1977年入伍，20岁出头时，就驾驶着国内当时最先进的米-8直升机，参加对越自卫反击战，在云南前线运送伤员。

如今，李凤山已是海直通用航空公司的总飞行师，每当遇到急难险重的任务，他仍一马当先。2014年，他主动申请，参加了中国第6次北极科考，此次又再度请缨，前来南极，完成自己的极地心愿。

"在南极执行飞行任务，与国内一般情况相比难度要大得多。"首飞南极，这位有着30多年飞行经验的老飞行员表示，这里区域内的小气候变化很快，需要随机应变；同时在一片白茫茫的冰雪世界里，没有参照物，很难用肉眼判断飞行高度。

吊挂作业是直升机飞行的高难度科目，受货物重量、体积和迎风面的干扰，直升机的操控性变差。尤其是在雪龙号附近执行近距离吊挂作业时，直升机旋翼的下洗气流遇到船身容易产生紊乱，更是难上加难。

"在雪龙号上进行舱盖吊挂作业时，首先直升机在靠近船身之前，必须尽可能稳定货物状态，小心翼翼地靠近船舷，时刻与船上吊车大吊臂保持安全距离，精确调整货物落点，然后悬停，缓缓下降，操作动作要

机长李凤山在直升机驾驶舱内

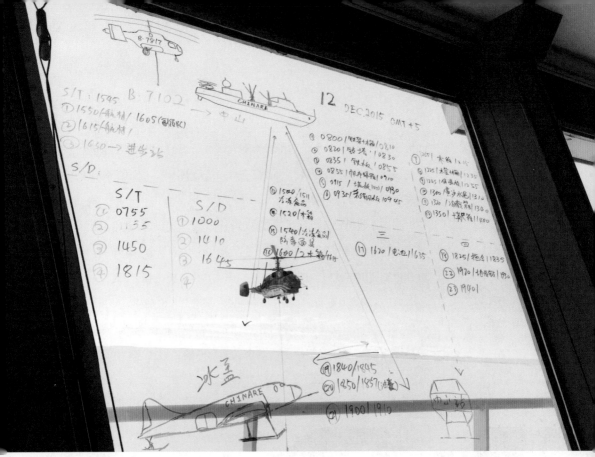

从雪龙号驾驶室窗台拍摄的"雪鹰12"，玻璃上标示的是中山站海冰卸货执行图（秦为稼摄）

柔而准确，慎之又慎，出不得半点差错。"李凤山这样说。

"安全起见，直升机必须逆风起降吊挂，有时雪龙号随海流漂动，起降风向变化，还必须调整船身方向。"

"雪鹰12"进行吊挂作业

像爱护自己的眼睛一样爱护直升机

除了技术精湛的飞行员，直升机在南极的安全顺利飞行，还离不开机械师的坚强保障和默契配合。

茫茫大海航行，船身随着涌浪不断摆动，他们承担着艰巨的直升机维护保养工作。

雪龙号尾部的机库是机械师刘晓平和宁涛每天的工作场所。每隔8小时，他们要轮流到机库，对直升机的固定情况和地面上的工具设备、电瓶、加油设施等进行检查，排除所有安全隐患。

本次南极科考，雪龙号多次穿越西风带，船身摇摆幅度可达十几度。每当碰到较大风浪，机械师还要提高检查频率，白天每隔4小时、晚上每隔2小时检查一次。

"对自己负责的每一项工作和检查内容，都要做到看到、摸到、听到和嗅到。"宁涛说，"同事的生命和直升机的安全高于一切，机械师要像爱护自己的眼睛一样爱护直升机。"

"每一次直升机航前安全检查后放行，都需要我们签字。签字就意味

科考队员们正齐力把直升机从雪龙号尾部的机库中拉出

机械师刘晓平在直升机飞行前爬上桨毂展开旋翼

着责任，所以不能有一丝的马虎和侥幸心理。"刘晓平表示，责任心，是一名直升机机械师的工作生命线。

海冰吊挂作业，直升机在船舷边安全起降，离不开机械师的精准调度。

从全面细致的航前和航后检查，到实时观测和通报风向风速等信息，从吊挂货物重量和顺序的统筹协调，到吊货起降时用简洁干练的术语来指挥协调，机械师是飞行员不可或缺的默契搭档。

"很多工作看似简单，往往都是无数次训练和磨合的结果。"刘晓平说。在冰天雪地中工作，辛苦自不必说。"长时间站在海冰上，穿着厚厚的'企鹅服'，来回摘挂钩，一跑起来浑身冒汗，雪水灌到雪地靴里，冰冷刺骨。"

从2011年起，刘晓平已经第3次来南极了，最近5年春节，他有3

次在南极度过。"虽然失去了与家人团聚的机会,但是能为国家的极地考察事业贡献一点力量,我觉得无比光荣。"

"只要听到直升机的轰鸣声,我心里就感到一种踏实。"谈起自己对直升机的多年感情,从部队转业的机械师宁涛动情地说。

他依然清晰地记得,2008 年 12 月 26 日的那个下午,作为一名直升机机械师,随我国海军第一批护航编队,从海南三亚某军港码头启航,远赴亚丁湾、索马里海域执行护航任务的场景,以及心中的激动、自豪和期待。8 年后的今天,从亚丁湾到南极,宁涛又完成了一次注定难忘终生的旅程。

天边风起云涌,"雪鹰 12"飞临罗斯岛接回科考队员

我的中国"芯"

"手与金属接触的那一刹那，感到的不是冷，是烫——冷到极致竟是一种灼烫的触觉……"低温下，胡须冻上了一层冰碴子，就像长了白胡子，他们笑称自己是"昆仑站大叔"。

2016 年 4 月 3 日

2016 年 1 月 5 日，昆仑队深冰芯钻探小组钻取本次科考队第一支深冰芯（胡正毅摄）

"在那里工作，队员们如果觉得太冷了，可以到外面零下 30℃以下的地方暖和一会儿再回来……"究竟是什么工作场所，如此寒冷？这个地方在海拔超过 4000 米的南极内陆冰盖最高点，这是夏季的中国南极昆仑站冰芯房，温度接近零下50℃。

正是在如此寒冷的环境中，中国第32次南极科考队昆仑队的勇士们，今年成功钻取了351.5米的深冰芯，创造了单次考察季总进尺的新纪录。

在冰穹A地区钻取地下上千米的深冰芯，开展百万年时间尺度的全球变化研究是昆仑站考察的一项重要科研目标。通过钻取和研究穿透冰盖的冰芯，重建地球系统气候变化序列，阐明地球气候变化的机制，揭示冰盖底部性状及其底床的基本性质。同时，通过冰芯样品可以研究气候变化过程对地球生物界的影响，也有可能发现地球历史上曾经出现的生命以及生态系统。

冰芯科学钻探是地球科学的前沿，也是探究过去全球变化和未来气候环境变化理论的重要途径。中国科考队在昆仑站成功钻取深冰芯是一个标志性成果，标志着我们实现了深冰芯钻探工程零的突破，也为加强冰盖科学研究提供了重要机遇。此次钻取冰芯的位置将是未来获取更深冰芯的钻口。

冰盖之巅，开启中国深冰芯第一钻

在有着"白色沙漠"之称的南极内陆，降水量极低，冰雪累积速率非常慢，数千米厚度的冰盖可能记录了几十万甚至上百万年的地球气候变化信息。因此，南极内陆深冰芯被形象地比作地球古气候的"年轮"。

"南极深冰芯钻探是研究全球气候变化机制的前沿学科，有望为科学家揭开地球古气候之谜、重建百万年以来的气候档案，提供一把金钥匙。"科考队副领队、冰川学专家孙波介绍，我国昆仑站所在的冰穹A地区，是南极内陆冰盖最高点，海拔超过4000米、冰厚达3000多米，是国际上公认的理想深冰芯钻取地点。但是，由于这里温度极低、海拔极高，也是技术难度最大的冰芯钻探作业地点。

2013年1月21日，昆仑站东南方向300米，位于冰面以下3米深的冰芯房内，我国第一套深冰芯钻探系统成功投入使用，并成功钻取了一段 3.83 米的完整冰芯。这标志着中国深冰芯第一钻在南极冰盖最高点正式开钻。

"当时大家在冰芯房里，捧着我国深冰芯第一钻钻取出的首支冰芯时的激动和自豪，依然记忆犹新。"作为当年深冰芯钻探小组成员的范晓鹏，今年又参加了昆仑站的深冰芯钻探工作。

在他看来，当年建设昆仑站冰芯房和安装深冰芯钻探系统中最艰苦的经历莫过于，要为深冰芯钻塔挖一个长度和深度各 10 米、宽度仅 60 厘米的冰槽。

"人通过安全绳被下放到冰槽底部，开始用铁锹一点点往下挖，越挖雪越硬，最后只能用电锯来切割。鼻子呼出来的气瞬间凝华，形成白色的小颗粒，弥散在空气中。从上面往下，根本看不到人。在狭小黑暗的空间内，极其压抑，就像掉到冰缝里一样。"范晓鹏说，为了保证安全，他们每次

2013 年 1 月 21 日，中国深冰芯第一钻在南极冰盖最高点正式开钻（极地办资料图）

冰芯钻探小组成员通过安全绳进入 60 厘米宽、10 米深的冰槽进行科考作业（胡正毅摄）

在冰槽里的工作时间不能超过半小时。

从 2009 年开始，经过多次科考队的不懈努力，如今，一座设施完善、钻探设备齐全、系统运行平稳的深冰芯钻探场地已在南极内陆冰盖之巅成功建成。

夜以继日，创造单季进尺新纪录

2016 年元旦，经过 1256 公里的长途跋涉，刚刚休整一天的昆仑队深冰芯钻探小组就已开工。

"经过一年的风雪堆积作用，冰芯房前后 3 个通道已全被厚厚的积雪掩埋。我们使用扬雪机和人工挖掘相结合的方式，经过 12 小时连续奋战，终于打通了进入冰芯房场地的通道。"深冰芯钻探小组组长史贵涛说。

经过一个冬天，最低温度低于零下 80℃的天寒地冻，如果立即开钻，深冰芯钻探系统的电子设备极易损坏。因此，还需要通过加热设备，为冰芯房回温 2 天左右时间。

1 月 4 日，经过积雪清理、场房加热、场地整理、仪器部件检查调试

昆仑站冰芯房通道被厚厚的积雪掩埋（史贵涛摄）

冰芯房场地整理（胡正毅摄）

等一系列准备工作，深冰芯钻探的关键步骤——钻进、取芯工作正式开始。

南极内陆气候恶劣多变，按照科考队要求，昆仑队最迟于1月21日撤离昆仑站。时间紧、任务重，为了将有限的时间最大化利用，一共9人的深冰芯钻探小组，实施"两班倒"作业模式，白班从早上8点到下午5点，夜班接着工作到凌晨2点，夜以继日，持续钻进。

钻探场地里，钻塔调整、钻具下放、钻进、提钻、取芯和清理冰屑，所有环节来回往复，不得有半点差错；控制室里，需要严密监控钻探系统的运行情况，定时记录相关数据，出现任何异常必须立即处理，否则不仅钻取不到完整长度的冰芯，甚至会导致精密的钻探系统发生故障。

从1月4日开钻至18日收钻，经过15天连续作业，深冰芯钻探小组总计钻探117个回次，钻取了351.5米冰芯，这是中国南极冰芯钻探史上单季进尺的新纪录。至此，中国深冰芯钻探总深度达到654.5米。

困了就坐着眯一会儿（胡正毅摄）

须眉凝雪，用青春铸纯粹中国"芯"

队员们的工作时节正值南极夏季，但昆仑站的温度还是低于零下30℃，位于冰面3米以下的冰芯房温度则接近零下50℃。他们都穿上了特制的防寒服、雪地靴、防寒手套，但工作时间一长，手脚还是冻得失去知觉。

"这种极端寒冷，若非亲身经历，很难想象。"让钻探小组成员胡正毅感触最深的是极低温的灼烫："拆卸钻具时常常需要拧小螺丝，戴着手套不方便操作，有时我索性摘掉手套，手与金属接触的那一刹那，感到的不是冷，是烫——冷到极致竟是一种灼烫的触觉……"

冰芯房里，时刻考验着队员们的，除了酷寒，还有钻井液的刺鼻气味。为了防止钻孔缩径，作业时需要添加钻井液，但钻井液具有刺激性气味且易挥发。为此，他们在作业时还要在防寒服外套上防化服，戴上防毒面具。

安装深冰芯钻机系统（胡正毅摄）

队员们穿着防化服、戴着防毒面具工作（胡正毅摄）

昆仑站地区的大气压长期低于 600 百帕，氧含量只有海平面的一半，本来就容易引起缺氧反应，现在又要戴上防毒面具，更是呼吸困难。

"持续性的重复作业难免枯燥，对队员们的心理也是一种挑战。"史贵涛说，包括他在内，这支深冰芯钻探小组全都是"80 后""90 后"的年轻人，其中 5 名还是在读博士生。

"尽管很苦很累，但大家都毫无怨言，因为觉得这不仅是一项工作任务，更是一种能够参与国家极地考察事业的光荣和使命。"

冰天雪地里，天天忙于工作，累得倒头就睡，这些年轻人基本顾不上什么形象，有的人长起了大胡茬。低温下，胡须冻上了一层冰碴子，就像长了白胡子，他们笑称自己是"昆仑站大叔"。

他们，用最美的青春年华，在南极冰盖之巅，铸就了一段段冰雪般纯粹的中国"芯"。

"小鲜肉们"的胡须结冰后成了"昆仑站大叔"（史贵涛、宫达摄）

"水头"传奇

> "他有一件首次南极考察队的工作服，也是现在船上唯一的一件。在我们看来，就像少林方丈的袈裟、丐帮帮主的打狗棒一样。"

2016 年 4 月 7 日

吴林在指挥配货

太平洋的暖风轻轻拂过，雪龙号回国的脚步越走越近。从地球最南端归来的科考队员们，经历了极地冰雪的洗礼，圆满完成了各项科考任务，心情轻松而舒畅，期盼着与亲人团聚的时刻。在这群即将归家的人中，有一位老水手。

大海变得温顺起来，天空变换着幻美奇绝的云霞，海浪轻轻拍打"钢铁巨龙"的铠甲，无垠的碧海蓝天中，船尾留下一道白色的航迹线。眼前的风景，不会引起老水手丝毫惊奇的目光。

老手水，心静如水。

38 年前，18 岁的他就已经远渡重洋，战风斗浪，此生与大海结下不解之缘；32 年前，他参加中国首次南极考察，亲历并参与了中国首个南极科考站长城站的建设和首次南大洋考察；他先后来了 20 次南极，是目前为止中国来南极次数最多的人……

他，就是雪龙号极地科考船的水手长——吴林。

经历过大风大浪的人

在雪龙号上，大家都叫吴林"水头"，或者"大吴林"，最近也有人叫他"老吴林"。

"水头"是水手长的俗称，之所以叫"大吴林"，是因为作为广东人的吴林，身高1米84，大手大脚，身材魁梧，典型的"大力水手"。56岁的年纪，对一名水手来说，显然已经算"老"了。

水手的水性天生好。"从小在海边长大，涨潮时，喜欢在海堤上玩跳水，当兵后一万米游泳测试轻松拿下。"一开口你就能听出吴林浓重的广东口音。

1978年，18岁的吴林高中毕业，应征入伍，成为国家海洋局东海分局向阳红10号的一名水兵。在茫茫大洋，他曾参加过我国洲际导弹发射和同步通信卫星发射的保障任务。

1984年，国家组织首次南极考察，为了适应极区海域航行的需要，向阳红10号被选为考察船，吴林的命运从此与中国极地考察事业联系在了一起。

向阳红10号是我国自行设计制造的第一艘万吨级远洋科学考察船。1979年11月由上海江南造船厂建成并交付国家海洋局东海分局使用。曾参加我国发射洲际导弹、同步通信卫星等重大科研试验任务，1984年11月参加我国首次南极考察队，开赴南大洋执行考察任务。

当时，年轻的水手正在热恋之中，女朋友后来成了他的妻子。"出发前，我预支了500元的考察补助，这笔钱相当于自己半年多的工资，都塞给了她，悄悄签下'生死书'。"吴林说，当时科考队了解到一个数据，国外南极探险人员的死亡率大约为 5%，队里特意准备了 15 个黑色的专门装遗体的袋子，是他和队友亲手扛上船的。"当时真做好了回不来的心理准备。"

首次南极考察的主要任务就是在南极建立中国第一个科考站长城站，作为水手，吴林的职责是开着小艇往来向阳红 10 号和码头之间运送物资。南极半岛天气多变，暴风雪说来就来，只能"靠天吃饭"。为了尽早将建站物资全部运上岸，必须抓住短暂的好天气，突击抢运，争分夺秒。

"经常物资运过去，天气突然变坏，小艇回不了船，我们只能在岸上搭帐篷过夜。帐篷很不严实，睡觉时雪不断往里灌，早上起来满头都是雪，身下垫着的垫子都被融化的雪水打湿。最难受的是，睡袋太小，我个头大，只能盖到肩膀，半夜里冻得不行。"

"不过当时身体真是好，可能实在太累了，这样也能睡着。饿了就吃点饼干，渴了用手捧点雪水喝。"在"水头"看来，当时人的精神状态很不一样，很单纯，心里想的就是要为国争光，根本不会去计较个人的东西。

吴林在指挥装货

1985 年 1 月 26 日，中国极地考察史上极其惊险的一幕出现了。中国首次南极考察期间，卸运完长城站建站物资，刚刚进入南极圈开展南大洋考察的向阳红 10 号遭遇了罕见的极地风暴。当时风速猛增到 34 米 / 秒，浪高达 12 米，万吨级的向阳红 10 号瞬间成为一叶扁舟，在风暴中大起大落，单舷摇摆幅度达到 38 度，水线 7 米以下的螺旋桨 9 次露出水面空转，造成"飞车"事故。主机发出巨响，极有可能损坏而失去动力，后果不堪设想。科考队指挥组向北京发出了"情况很危险"的急电……

"巨浪撞击船头，直接越过驾驶台，飞向后甲板。船体被使劲地扭曲，前甲板的钢板出现了两处裂缝，整艘船就像一把快要散架的椅子一样，很有可能撑不住。船上雇的 3 名阿根廷直升机飞行员都穿上了救生衣，套上了救生圈，不停祈祷。"当年亲历的生死关头，吴林依然记忆犹新。

当值班的他冒着大风来到船尾飞行甲板时，一下子被眼前的场面惊呆了——船尾的吊车驾驶室已经被海浪打瘪了，两垛缆绳被冲进大海，螺旋桨很有可能被绞住，非常危险。突然，一阵巨浪，直接把吊车驾驶室打得粉身碎骨，里面的座椅被抛到甲板上，两扇舷舱门顿时无影无踪，手指粗的铁栓也被折断。

吴林赶紧往回走，风太大，海水此时已经漫到膝盖了。他立即向船长汇报了这一紧急情况。很快，包括他在内的 20 多名"敢死队"队员，身上系着安全绳，冲出水密门，一点点爬到船尾甲板上，把掉进海里的

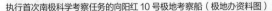

执行首次南极科学考察任务的向阳红 10 号极地考察船（极地办资料图）

缆绳拖了上来，化解了螺旋桨被绞住的致命危险。

所有船员、队员都坚守岗位、主动帮忙，团结一致与大风大浪搏击。经过了全船上下10多个小时的坚持努力，到了当天午夜，船终于从气旋中挣扎出来，大家总算逃出了"鬼门关"。

"船总算安全了，船长张志挺直接瘫倒在地上，最后是被人从驾驶台抬下去的。"吴林说，这是他当水手后，碰到的第一次大风浪。南极，以这种方式向他展示了震撼人心的力量。

雪龙号上的"定心丸"

"'水头'太了解南极的天气变化和海冰情况了，一看海面上的波纹，就能大概判断还能干多久活，什么样的海冰上能承受多重的货物，心里也一清二楚。这种能力没有长期的经验积累，是学不来的。""水头"带出来的"徒弟"、雪龙号二副张旭德这样评价自己的师傅。

1994年，中国新一代极地破冰船雪龙号首航南极，吴林担任水手长。自此以后，雪龙号的每一次南极航行，"水头"都没落下。在科考队领导和雪龙号船员眼中，有"水头"在，就感觉吃了一颗"定心丸"。

水手长的职位不高，却是船上最关键的几个岗位之一。在极地考察中，雪龙号承担着物资运输和补给的重要任务。从科考站使用的油料、生活物资，到科学考察的各种仪器设备，到重达20多吨的雪地车等机械设备，再到新建或改扩建科考站的大量建筑材料等，都需要通过每年一个航次的雪龙号来运抵。

装货、配货，是"水头"的拿手好戏。"'水头'对雪龙号的货舱，比

吴林（左一）参加我国首次南极考察，在向阳红 10 号上卸运物资　　　　　吴林（左）在指导年轻水手进行货物绑扎

对自己家还熟悉。并不完全规则的舱体，哪个地方凹进去一部分，可以多放些货，哪个地方可以错个位利用一下，没有人比他更清楚。通过"水头"的闪转腾挪，可以增加很多可利用的空间。"水手许浩说。

货物绑扎、固定，"水头"心细如针。作为一艘极地考察船，雪龙号要来回多次穿越风急浪高的西风带，如果货物绑扎不牢，出现倾斜移位，就会造成船重心改变，有可能导致船倾人亡。

"链条、绑扎带、钢丝，不同的绑扎方式，能够承受多大的重量，用多少个卸扣、多大的收紧器，怎么选择固定点的角度等都很讲究，决不能偷工减料。必须保证，即使船在单侧摇摆幅度超过 40 度时，货物仍然不移位。""水头"说。

"我的要求是，船一晃，水手就得下舱。船晃起来，货物容易扭曲移位，绳索也会被拉伸，这个时候就会出现摆动空间，更需要进行重新固定和调整。"每天，"水头"都会到货舱，进行安全巡视和检查。

"3 号吊往左一点，吊臂收一点，两边一起向下放，放，放，停！"到达南极，海冰卸货，在甲板上你就会看到"水头"拿着对讲机，表情严肃地现场指挥的情景。"在南极，就是靠天吃饭，只要天气允许，就必须赶时间，超过 48 小时连续作业的情况有的是。"

每当看到水手在操作中出现一些不到位的动作时，"水头"就会大声训斥。"很多水手还是二三十岁的青年小伙子，没有什么经验，这都是为了他们的安全考虑。""水头"太了解一个细小操作失误的后果。

吴林（左上）在雪龙号甲板上指挥卸货作业　　　　　　　　　　雪龙号上搭载的黄河艇被吊放到海中

事实上，经验也来自于曾经的教训。直到现在，每次用小艇卸货，雪龙号舱盖板上都要为小艇预留出位置，保证可以直接用大吊车把小艇吊上来。"水头"说，这个经验，正是来自一次中山站卸货期间，海上突然起了七八级大风，小艇差点翻掉的教训。

"看似简单，里面可是有大文章。"其实，"水头"也是"留过洋的人"。1990年，他被公派到香港一家船务公司，在一艘大商船上工作了14个月，去过亚洲、美洲、欧洲的16个国家，从技术细节到管理方式，他向国际化一流船员取得了不少"真经"。

担任雪龙号水手长20多年，吴林的职责领域，没有出现过一起安全事故。2010年，吴林被评为"全国十大杰出船员"，他是其中唯一的水手。2014年，习近平总书记登上雪龙号，吴林是获国家最高领导人接见的两名船员代表之一。

"在船上，'水头'的威信非常高。举个例子吧，他有一件首次南极考察队的工作服，也是现在船上唯一的一件。在我们看来，就像少林方丈的袈裟、丐帮帮主的打狗棒一样。"雪龙号实验室主任袁东方幽默地比喻道。

"技术和经验都可以学习，但是我一直跟他们说，关键是要用心，要有责任心。"对于雪龙号上的年轻船员，"水头"无疑是一个榜样。

黄河艇穿越冰海，向中山站运送工程车

大男人的"软肋"

被油桶砸扁变形的大拇指，从甲板上摔下来断过三根肋骨，被划伤的眼眉，裤腿下的好几道伤疤……在极地一线工作，"水头"身上满是"磕磕绊绊"的痕迹。

"年轻时火力旺，跳到冰海里，水都能冒泡。""水头"似乎炫耀地说，一次雪龙号在俄罗斯青年站协助拉运物资，小艇的螺旋桨被钢缆缠住了，他和另外一名水手穿着防寒服，二话没说直接跳到冰冷的海水中，整整干了 4 个小时，才把钢缆铰断。

毕竟，岁月不饶人。战风斗浪、踏冰卧雪，极地的寒气给不再年轻的水手留下了一身职业病。"老啦，现在膝盖、腰部、肩颈都不行了。"

"总是幻想海洋的尽头有另一个世界，总是以为勇敢的水手是真正的男儿……他说风雨中这点痛算什么，擦干泪，不要怕，至少我们还有梦；他说风雨中这点痛算什么，擦干泪，不要问，为什么……"

"水头"可是雪龙号上知名的"唱将"，年轻时唱起歌来声如洪钟，曾蝉联 10 多次雪龙号歌唱大赛的冠军。郑智化的经典歌曲《水手》，是"水头"最拿手的歌。在这个航次，我曾现场听过，真的很有味道，老水手用最真实深刻的人生体会，唱出了所有歌唱技巧所不能取代的感人力量。

的确，对于经历了多年极地风雪考验的"大男人"来说，风雨中这点痛又算得了什么呢？然而，"水头"也有"软肋"。

"心里最亏欠的还是家人。"出海这么多年，家里都是妻子一个人操持。"一个女人在家带小孩，太不容易了。""水头"说，早年通信不畅，一出海和家里几乎音讯全无，出了什么事，根本不知道，也照顾不了。

"女儿3岁，老婆骑着自行车送她上幼儿园，下雨天，摔在马路上，浑身都是泥。我打电话回家，老婆一听声音，就哭了……""长这么大，你来开过一次家长会吗？"女儿生气时这么质问他，他愣了好久，红了眼眶。

"水头"的父母都已80多岁高龄，生活在广东湛江老家。"每次从南极回来，家里就打电话过来，说你好好工作啊，我们这边没什么事。其实，我知道，他们是想让我回去看一看。"

"水头"在唱《水手》

春节临近，吴林在雪龙号餐厅里包饺子

20次来南极，意味着20年不在家过年。"水头"说，过年的时候，最想和妻子打电话，又最怕和妻子打电话。"别人家都是团团圆圆，只有她孤零零一个人。到现在，和老婆结婚30年了，有12年时间都在海上。"谈起这些，男子汉也陷入感伤。

"夜深人静的时候，是想家的时候……"逢年过节，每当这位"唱将"在雪龙号上唱起这首《想家的时候》，他不仅会把自己唱哭，也会把很多人唱哭。

根据单位规定，已经满55周岁的"水头"，今年可以选择下船转到其他岗位工作。"不知道这一趟是不是最后一次来南极了，不管怎样，我都要站好最后一班岗，画上完美的句号。"

"水头"说，他很佩服原来极地号的老船长魏文良。"记得老魏说，极地事业说白了就是靠一种精神。海图是一寸一寸量出来的，主机是一转一转转出来的，船从出来到回去，心里必须始终绷着一根弦。只有船靠到了码头，你才能把心放下。"

中国第 32 次南极科考即将结束，雪龙号也即将停下脚步。"干了这么多年，如果说明天就让我退休，心里还是有点害怕。我是'大老粗'，在单位里工作和在船上完全不同，怕适应不过来。"

"如果说明天就下船，再不来南极了，有什么遗憾？"我问。

"来了这么多趟，对南极真的很有感情。如果有什么遗憾，那就是还没有进过南极内陆。昆仑站可能海拔太高去不了，哪怕让我去一趟格罗夫山也行。我至少可以发挥自己的特长，为队友们绑雪橇啊……""水头"笑眯眯地说。

这就是"水头"。

科考队员通过黄河艇拉着驳船，往返于雪龙号与长城站之间，进行卸货作业

06

南极行思录

置身远离人类社会的时空，会生出对宇宙
天地的好奇心和敬畏心。思索，让你感到
自身的渺小；探索，让你发现个体的脆弱。

然而，正是这思索和探索本身，证明了存
在的意义和尊严。

中山站六角楼

整个世界都**静**下来了

日落中山站

在——南极的极昼环境下，睡觉是一种什么样的体验？

最令我不适应的不是凌晨一两点拉开窗户，看到外面还是阳光明媚的那种黑白颠倒，而是一种无法言说的静。

这几天从雪龙号上下来大批人马，其中大部分是要深入内陆的昆仑队和格罗夫山队队员，他们都被安排在中山站度夏楼。度夏楼修建于20世纪90年代，是中山站的第二代建筑，高脚式两层建筑，与越冬队员住的现代化越冬楼相比设施老旧些，但与原来集装箱拼装的第一代建筑相比还是强了不少。

我住在度夏楼的101房间，是一个单间，在整栋大楼最靠里的地方，只有一张小床和一桌一椅。前两天两支内陆队队员在的时候，由于楼板松动，每天睡觉时，地板被踩出吱吱呀呀的声音，还有队员们的嬉笑之声，简直热闹得睡不着觉。这两天，他们都去内陆出发基地准备向内陆进军的物资了，整栋大楼一下空了下来。

在越冬楼吃完晚饭，和越冬队员们聊完天回到度夏楼，时间已是晚上11点多。

南极的静，一下子扑面而来。静得能触到自己的呼吸，听到自己的心跳。这种静，令人感到肃穆。

这种静，绝不是人去楼空的安静、喧嚣过后的安静。这种静，到底来自何方？不禁令人产生了一种冥思。

一则，人的耳朵，只能听到一定频率范围之内的声音（声音频率），也只能听到一定距离范围之内的声音（声音分贝），超出频率范围之外的声音，虽然不能听到，但都构成我们潜在的听觉。听不到，不代表没有，所以，叫安静。

在南极这块冰封隔绝的大陆里，一些超出人类听觉范围之外的声音或许真的更少。古人说，蝉噪林逾静，鸟鸣山更幽。这里本无车马人噪，何来喧嚣后的安静。

二则，这是没有历史和文明的宁静。在文明世界，我们生活的土地，是我们祖先曾经存在的空间。南极，是没有历史发生的地方，没有文明存在的时空。前不见古人，后不见来者，念天地之悠悠，故而生出一种独怆然而涕下的寂静之感。

2015 年 12 月 8 日 中山站度夏楼

看风景的**外**在性

奔走光景隙中驹，静观万物皆自得。

在南极看风景，不管是冰海雪海，还是企鹅海豹，感觉都是自由自在、自足自为的，与人类无关。

我的房间在雪龙号左舷 5 层，在高纬度的浮冰区航行时，我会特地把窗户擦得很干净，透过玻璃盯着窗外的极地风光。

极昼的阳光透过白色冰雪的反射让你睁不开眼，有时阳光被云层遮挡，光线相对柔和的时候，你就会看到那种白得纤尘不染的浮冰的质感，船边的企鹅撒腿快跑，等到了一定安全距离，又回过头来看着这条"钢铁巨龙"，扑腾着翅膀，似乎在同伴之间言语着什么。躺在浮冰上睡觉的海豹，偶尔抬起头来看你一两眼。

你在窗边看风景，你永远是那个看风景的人而已。

这里，玉宇澄清，天地静穆。这种"外在性"的风景中，产生的不是天人合一、物我同化的融入感，而完全是一种闯入另外一片世界的惊异，

南极半岛附近海域，几只企鹅站在浮冰上

人在这里永远是外来者，是客人。

有人说，南极是全人类的，这是"人类本位主义"的立场，是以"人是万物的尺度"的视角。某种意义上，南极是地球的最后一块自留地，它存在于超越历史和文明之外的时空。

2016 年 2 月 2 日 阿蒙森海

阿蒙森海的浮冰

罗斯海伍德湾上的荷叶冰

环球航行的**时间**观

20 16 年 2 月 3 日晚上 8 点，船上熟悉的广播响起：
"现在广播一个通知，雪龙号从西十一区驶入东十二区，经过国际日期变更线，船钟拨慢一小时，日期拨快一天。现在船时 2 月 4 日 19:00，请大家调整好作息时间。"

这是雪龙号首次逆时针环绕南极大陆航行，虽然绕的是小圈，基本上是沿着 60 多度的纬度航行，相当于赤道周长的一半，也就是 2 万多公里，但不管怎样，也算是"环球航行"了，我们经过了地球上所有的经度，跨过了所有的时区。

由于我们是逆时针自东向西走，与地球自转方向相反，所以我们每调一次时间，就要往回拨一小时。本以为"每天多活一小时还是挺赚的"，今天过了国际日期变更线，还是"还"回去了一天，总算明白"天下没有白赚的便宜"。

时间从 2 月 3 日 20:00 直接跳到 2 月 4 日 19:00。大家开玩笑说，"幸好没有把除夕这天给跳过去"（2月7日除夕）。不过从今天开始，终于走到了北京时间前面了。

有首歌不是这么唱吗？——"太阳从东方升，这里的花先开。"在地球上新的一天开始的地方，迎接第一缕阳光，该是多么幸福。

而且，此次逆时针环球与第 30 次南极科考的顺时针环球相比，还是比较"幸运"的：这次是每天"赚"一小时，因而每天可以晚起一小时，最后"还回去"一天；上一次是每天"亏"一小时，每天要早起一小时，最后当然会"补回来"一天。

这种奇妙的体验，让人对"时间"有了新的思考。

哲学家说，时间是人类发展的空间。科学家认为，时间就是空间的一个维度，运动的一种形式。什么叫历史？历史就是人类活动创造和拓展的空间。什么叫一年？地球绕着太阳公转一圈叫一年。什么叫一天？地球自转一圈叫一天。时间本身，是人类的一种定义，就像"国际日期变更线"的划定，就像"新千年第一缕曙光"。

从这个意义上说，这次环球航行，我们以绕南极一圈的运动，定义了新的时间。

2016 年 2 月 4 日 阿蒙森海

凯西站附近海域的落日余晖，映照在雪龙号船头

南极罗斯海的墨尔本火山

不要温和地走进那个**良夜**

现在是 11 日凌晨两点半，罗斯海的太阳在海平面上徘徊了好久，才落下去，一眨眼工夫，又爬了上来，贴着海面缓缓移动，发出金黄色的光芒。雪龙号后面就是美丽的墨尔本火山，若隐若现，电影《南极大冒险》拍的就是这里。第一次不在家过年，这个春节也注定终生难忘！

夜不能寐，我半夜跑到驾驶台，架上海事卫星，发了一条微信朋友圈，配上此刻拍摄的几张世界尽头的落日景象。

没日没夜的日子里，晨昏的变化，清醒睡眠的调整，只能依靠人为界定的时间。在生活中晨昏暮晓，日月盈仄，四季轮回，有着固定的规律可循，有着完美的逻辑闭环。人需要通过物候变化来赋予生命以意义，或者说将生命投射到物候变化之上，于是才有感时伤怀，伤春悲秋，一日之计，一年之计。如果没有这条朋友圈与外部世界的连接，此刻的雪龙号不正是逃离时空之外的一条"末日孤舰"吗？

"Do not go gentle into that good night……"这条朋友圈立刻就有了万里之外的回应，一位同事的评论，让我心中一颤，让我想起了在中山站食堂的大电视前再次重看的科幻电影《星际穿越》。无独有偶，另一位大学同学"有感于我的朋友圈"，又分享给我一篇关于这首狄兰·托马斯诗歌翻译的文章：

> Do not go gentle into that good night,
>
> Old age should burn and rave at close of day;
>
> Rage, rage against the dying of the light.
>
> Though wise men at their end know dark is right,
>
> Because their words had forked no lightning they
>
> Do not go gentle into that good night.
>
> Good men, the last wave by, crying how bright
>
> Their frail deeds might have danced in a green bay,
>
> Rage, rage against the dying of the light.
>
> Wild men who caught and sang the sun in flight,
>
> And learn, too late, they grieved it on its way,
>
> Do not go gentle into that good night.
>
> Grave men, near death, who see with blinding sight
>
> Blind eyes could blaze like meteors and be gay,
>
> Rage, rage against the dying of the light.

And you, my father, there on the sad height,

Curse, bless me now with your fierce tears, I pray.

Do not go gentle into that good night,

Rage, rage against the dying of the light.

不要温和地走进那个良夜，

老年应当在日暮时燃烧咆哮；

怒斥，怒斥光明的消逝。

虽然智慧的人临终时懂得黑暗有理，

因为他们的话没有迸发出闪电，他们

也并不温和地走进那个良夜。

善良的人，当最后一浪过去，高呼他们脆弱的善行

可能曾会多么光辉地在绿色的海湾里舞蹈，

怒斥，怒斥光明的消逝。

狂暴的人抓住并歌唱过翱翔的太阳，

懂得，但为时太晚，他们使太阳在途中悲伤，

也并不温和地走进那个良夜。

严肃的人，接近死亡，用炫目的视觉看出

失明的眼睛可以像流星一样闪耀欢欣，

怒斥，怒斥光明的消逝。

您啊，我的父亲．在那悲哀的高处，

现在用您的热泪诅咒我、祝福我吧，我求您。

不要温和地走进那个良夜。

怒斥，怒斥光明的消逝。

（巫宁坤译）

这首诗写于 1947 年，狄兰·托马斯用以鼓励病重的父亲，而他自己几年后死于连续饮入的 18 杯威士忌。《星际穿越》中最令我震撼的场景，就是当主人公库珀驾驶飞船向宇宙深处飞去时，低沉诵读这首诗的悲壮。正如电影里的感人对白，宇宙可以将人毁灭，就像狮子将羚羊撕碎，很残酷很恐怖，但绝不是邪恶的。不要温和地走进那个良夜，人之将死，也应当在日暮时燃烧咆哮，怒斥光之消散，迸发一种不屈的生命意志。

　　这是一种如极地寒风吹透每一根神经的痛彻："使自己这粒沙尘四处飘飞的，是怎样的天风；把自己这片小叶送向远方的，是怎样的大河。"

　　思索，让你感到自身的渺小；探索，让你发现个体的脆弱。然而正是这思索和探索本身，成就了我们存在的尊严。这或许才是人类探索极地和深空的终极意义。

　　就像最近刚看的那部经典南极纪录片《在世界尽头相遇》里的一段话："透过我们的眼睛，宇宙才能理解它自己。透过我们的耳朵，宇宙才能听到自己的和谐之音。我们是宇宙的见证人，透过我们，宇宙才能觉察到自身的荣耀和辉煌。"

2016 年 2 月 11 日 罗斯海

凯西站附近的巨型冰山

真的"找不到北了"

这几天,雪龙号经过南磁极附近。在这里,指南针都"找不到北了",大家都感到莫名的神奇和兴奋。

为此,"南极大学"特地邀请了国家海洋局第二海洋研究所的张涛博士讲授相关知识。其实,地球的磁极并不固定,而是游移不定的。1909 年,人类测得南磁极位置在南纬 72 度 25 分,东经 155 度 15 分,而到百年后的 2010 年,南磁极已漂到南大洋中的南纬 64 度 35 分,东经 137 度 20 分附近了。

张涛还给大家介绍了一个颇令人讶异的事实——"地磁倒转"，地磁南北极发生倒转的现象，南磁极变北磁极，北磁极变南磁极。近年来，古地磁的研究已证实地磁两极确曾发生过多次倒转，上一次是76万年前。同时，根据学界研究，不仅地球磁极的方位在不断变化，而且目前地磁场强度正在衰减。是否会发生下一次倒转，什么时候发生？要知道，正是磁场的存在，保护了地球生物免遭宇宙有害射线的伤害，许多长途迁徙的鸟类、海龟等动物也正是借助于磁场找到方向。如果地磁发生倒转，甚至消失，会带来怎样的灾难性后果？

想到这，心中难免感到恐惧。

想起自己年少时读的第一本"大部头"，是关于宇宙科学的著作，书名大致叫作"宇宙奇观"。厚厚的一大本，刚上小学的我，竟着迷般一口气读完。其中对恒星之大之多、星际之遥远、星空之浩瀚、宇宙之无穷的形容，对年幼心灵的强烈冲击，至今仍记忆犹新。

《三体》中写道："生存在宇宙中，本身就是一件很幸运的事情。"诚然，人类文明能够在地球上诞生和演进，本身就是一件概率极低的事件。世事无常，这是不以人的意志为转移的法则。从哲学的角度，变是永恒的。从宇宙学的角度，任何行星尺度上的"微小变动"（类似地磁倒转），都有可能给人类带来毁灭性的灾难。对于以分、时、天、年为计时单位的人来说，对于万年、十万年、百万年中偶尔发生的"微小变化"，真是"自其变者而观之，则天地曾不能以一瞬；自其不变者而观之，则物与我皆无尽也"。

想到这，心中又感到释然。

古诗云，生年不满百，常怀千岁忧。这不正是科幻存在的一种意义吗？

2016年2月17日 迪蒙·迪维尔海

漂流瓶的魅力

我的漂流瓶

今天，雪龙号经过地球的南磁极附近海域，科考队给大家发了漂流瓶。让大家写下在磁极点的心愿。我写了一句最简单却最重要的心愿："祝愿家人身体健康，一切顺利。2016 年 2 月 18 日，中国第 32 次南极科考队经过南磁极。"打开房间的窗户，用力将漂流瓶抛向海面远处。漂流瓶一落海，立即被巨浪淹没卷走，消失得无影无踪，开始了一场未知的旅程。由于南极海域被强大的全球西风带环流所阻隔，这些漂流瓶要想穿越咆哮西风带，向北抵达人类社会，在不管是非洲、大洋洲、南美洲乃至东南亚的海岸被人捡到，这个概率据说不到 1%。

既然被人捡到的概率是如此渺茫，为何大家都喜欢向大海扔漂流瓶？也许，漂流瓶的魅力在于它的未知性，扔的人不抱希望，任其随波逐流、南北西东，捡的人偶尔遇见，在惊喜中淡然一笑，就像毫无交集的两个人，在茫茫人海中擦肩而过，目光相遇的那一刹那，无所谓惊天动地，却似乎意味深长。

有时，人不就像这么一个漂流瓶吗？被某个神秘的力量往命运之海中随意一抛，就开始了未知的旅程。

2016 年 2 月 18 日 迪蒙·迪维尔海

一座冰山到底有多大？

在雪龙号环绕南极大陆航行的过程中，经常可以看到大小不同、形状各异的冰山。冰山是南极的标志之一，由于冰川运动和气温变化，它们从南极冰架上崩塌入海，并在随风随流飘荡的过程中逐步消解。经常说，冰山是研究南极气候变化及其对地球环境影响的重要指针。然而，这种影响到底有多大？绝大部分人并没有直观的感受。

有一天傍晚，我在驾驶台上，见到一座不大不小的冰山，阳光透过厚厚的乌云射在冰面上，十分壮观。我心血来潮，突然和雪龙号三副邢豪开玩笑说："把这座冰山搬回去可以让上海人喝多少天南极纯净水呢？"

没想到，认真的邢豪马上拿出计算器开始算了起来。目测冰山长度 3

南极半岛附近海域形状奇特的冰山

公里，露出海面部分的高度与雪龙号驾驶台差不多高，约 28 米，这只是冰山高度的八分之一，几个参数一乘，吓我一跳，接近 13 亿吨！也就是说，眼前这个不大不小的冰山，13 亿中国人分的话，每人可以分到近 1 吨水。那么，半个月前在阿蒙森海看到的长达几十公里的冰山，得有多少吨呢？几天前在罗斯海看到的一望无边的世界最大冰架——罗斯冰架呢？

冰山的大，不仅给人以体量上的震撼，更让人惊叹时间的力量。还记得十多天前，我们在罗斯海，乘坐直升机从空中俯瞰，埃里伯斯火山下，沿着高耸的山脊，巨大冰川的"冰舌"伸向罗斯海的壮观景象。

从海中之水，到空中之雪，再凝结成冰，又于千万年间一点点奔流入海……一圈圈的循环往复中，正是流动的时间。

2016 年 2 月 20 日 迪蒙·迪维尔海

埃里伯斯火山脚下的冰川

当第一只猴子仰望星空的时候

这个春节，国内最热的新闻莫过于人类探测到了引力波。而引力波是什么？绝大部分人只是"不明觉厉"而已。正好，广集天下英才的雪龙号上，就有一位队员是研究天体物理的——姜鹏，中山站越冬队员，中国科技大学天文系博士毕业，专业功底深厚。

在大家的强烈要求下，他在雪龙号的最高讲台"南极大学"，做了一堂"时空：了解宇宙和引力波"的讲座，为我们解疑释惑。虽然我们听完依然是云里雾里，不过有许多概念确实令人脑洞大开。

什么是宇宙？古人说："上下四方为宇，古往今来为宙"，宇宙即时空。这似乎不言自明，时空是绝对的存在，时间均匀流逝无始无终，空间不断延伸无边无际。这是经典物理学的时空观。

姜博士介绍："百年前，爱因斯坦创造了广义相对论，揭开了全新的时空观。时空不是绝对存在，而是和物质相耦合，物质决定时空的几何，时空决定物质的运动。只要物质引力够大，当地的时空就会被显著地扭曲。引力波则是时空抖动的涟漪，能在宇宙中传播。宇宙是无边无际的吗？从奥伯斯佯谬开始，通过思辨，人类就已认识到宇宙是有边界的。根据现在的大爆炸宇宙模型推算，宇宙的年龄约为 138 亿年，那是时间和空间的起点……"

"宇宙从哪里来？到何处去？宇宙之外是什么？时空产生之前的时空存在吗？""时间的本质是什么？我们可以在时间中返回过去吗？""我们

在地球上永远只能看到 8 分钟前的太阳，假如我有一根 8 '光分'长的竹竿，去捅一下太阳呢？"……听完姜博士的课，大家仍意犹未尽，提出一系列问题，虽然"门外汉"们的思考往往贻笑大方，真可谓"人类一思考，上帝就发笑"。

然而，如果人类不思考，上帝连发笑都不屑于。现实生活中，许多既有概念给了我们认识世界的方法，同时也限定了我们思维的边界。夏虫不可语冰，蟪蛄不知春秋。就像古时之人，如果未曾到过地球之极，就很难理解太阳永不落下或永不升起的极昼极夜。

人猿何以相揖别？正是好奇心和想象力，让人类文明走到今天。尤其是，这种文明的演进，并非匀速地流驶。从第一次工业革命开始，以人类学会对机器的使用，极大扩展活动空间和能力为标志，至今还不到 300 年。相较于人类在地球上的几百万年史，300 年不过是万分之一。但正是在这万分之一的时间中，人类竟完成了从用蒸汽机转动车轮，到乘坐飞船奔向太空的跃进……那么，下一个万分之一的时间呢？

霍金在《时间简史》中这样写道："我们生存在一个奇妙无比的宇宙中。只有凭借非凡的想象力才能鉴赏其年龄、尺度、狂暴甚至美丽。在这个极其广袤的宇宙中，我们人类所处的地位似乎微不足道。因此，我们试图理解这一切的含义，并且了解我们在宇宙中的角色。"爱因斯坦说："宇宙中最不可理解的事情，就是宇宙是可以被理解的。"我们所进行的一切思索和探索，不正是宇宙理解自身的一种方式吗？

从这个意义上讲，当第一只猴子开始仰望星空时，人类就诞生了。

2016 年 2 月 21 日 温森斯湾

"白色恐怖"

经常听去过南极内陆的科考队员提起白化天、地吹雪，站在风雪中，眼睛甚至看不到自己的脚，如同掉进牛奶瓶，一片白茫茫，那种失去所有参照物，消失于天地之间的恐怖，今天终于有了切身体验。

雪龙号停泊在凯西站附近的温森斯湾为其运送物资，我们乘直升机前往凯西站附近的"蓝冰机场"盘旋一圈。

今天是阴天，云雾很重，飞了一小会儿，黑色的海岸和海水渐渐远去，白色的云雾和白色的冰雪大陆之间的距离越来越小，成了一条小缝隙，然后只剩下一小束天光，最后彻底成为一片白色的世界。

我坐在座舱的窗户边，上下望去，天地不分，一种白色的混沌，毫无所依，耳边只有直升机发动机的轰鸣声，仿佛此刻消失于天地之间，一阵莫名的恐惧袭来。

"什么都看不见了？！"

我大声地朝坐在我对面的秦为稼领队喊道，手指着窗外，往天上和地下不停比画。

由于直升机发动机轰鸣声太响，坐在机舱里不戴耳机麦克根本无法沟通，但我明显感到坐在对面的领队明白了我的意思。

我往前驾驶舱望去，坐在副驾驶座的梁机长似乎也有点慌了，不停地用布擦着前挡风玻璃，不起任何作用。机舱内气氛有点凝重，不安中有一股可怕的安静。

我们在一片白茫茫中前进，没有任何的标志物，前面会不会是一座突兀而起的山，或者什么障碍物？想都不敢想。

在这种情况下，肉眼根本无法判断飞机的飞行高度和方向，只能依靠仪表数据。幸好！电子设备运行正常。

安全起见，我们赶紧调头，往海岸线方向飞回……飞了大概 15 分钟，突然，天地之间又出现了一条青黑色的小缝隙，那是海的颜色，天地再次从混沌中分开……此刻，就像憋了一口很久的气，顿时吸了一口高浓度的氧气一样，豁然开朗。

单纯的白色，与黑色一样，可以吞没一切，这就是南极的"白色恐怖"！

2016 年 2 月 22 日　凯西站外围海域

雪龙号上有个"深夜食堂"

心抑郁"——出发之前，有人这么"警告"我。

还真是。除了靠港到站短暂接地气之外，半年时间，我们就待在这么一艘船上，压抑之感，总是挥之不去，尤其是航程过半之后，这种感觉越发强烈。经常半夜睡不着，干脆起来在走廊里，到驾驶台上，如梦游般游荡。昏昏沉沉，不分白天黑夜。

尤其是作为一名"码字工作者"，那种写作上的困难，不是抽象的冥思苦想，而是真实具体的。船一旦晃起来，连续好几天，在头昏脑涨的痛楚之下，想要写东西，总是感觉力不从心，需要更多心智上的毅力。一旦海况较好，头脑感觉又苏醒过来，顿时又像"满血复活"。

因此，长时间海上航行，不仅是对人身体的考验，也是对意志的磨砺。林则徐有一句格言："观操守在利害时，观精力在饥疲时，观度量在喜怒时，观修养在纷华时，观镇定在震惊时。"万里航渡，有了切身体会。

雪龙号上有一个"深夜食堂"，在一层的船员餐厅。航渡无事之时，三更半夜，睡不着的人喜欢聚在一块。大家拿出自己私藏的好酒和零食，船上的管事也会慷慨赞助些花生米、泡椒凤爪、卤豆干等下酒菜。少则三四人，多则七八人，往往天南地北、"胡吹海侃"，话题从儿时家乡的风俗趣事，谈到生活工作中的奇人趣闻，再到看过的好书好电影，扩展到国际风云、政治人物，终而过渡到美丽或不堪回首的爱情，一直扩展到极地、宇宙乃至死生，有人说得眉飞色舞，有人笑得四仰八叉，有人触到伤心之处："干杯！致我们终将逝去的青春……"

此中场景，可化用古人词云：忆昔雪龙船上饮，坐中多是豪英。极地长夜静无声。浪涛翻卷里，酣歌到天明。

一花一世界，一个人也是一个世界。人生如逆旅，我亦是行人。正如这万里航渡，每个人都是孤独的世界，在不期而遇的交汇中，丰富了各自生命的色彩。

2016年2月24日 戴维斯海

最怕你问 "南极怎么样？"

本雅明在他那篇著名的文章《讲故事的人》中说："战争结束后从战场归来的人们变得少言寡语了——可言说的经验不是变得丰富了，而是变得贫乏了。这难道不是随处可见的吗？"

本雅明批判的是一种"经验的贬值"，同时也包括"讲故事的能力"再创新低，矛头直指我所从事的新闻行业。

我们从远方归来，如何讲述南极的经历？故事是很容易讲的，我们去过哪里，遇到哪些人，做过哪些事，但是我们获得的经验却很难表达和共通。

今天，雪龙号成功穿过了西风带，即将到达澳大利亚西部港口弗里曼特尔。

时值南半球的初秋，天清气爽，海风和畅，厚衣服脱掉了，在南极用的"企鹅服"也统一交还，一身轻松，船也不晃了，大家三三两两都出来到甲板上透透风、散散步。

冰雪世界逐渐远去，这是一个归来的好季节。

吃完午饭，我在甲板上碰到科考队副领队孙波，一位名副其实的"老南极"，也是极地圈里喜欢讲故事的人，两个人聊了一个下午。

孙波说，早年由于信息闭塞，从南极回来后，感觉自己整个人呆呆傻傻的，反应慢半拍。回国后，最怕别人问"南极怎么样？"，一句话就把你堵住，不知道该怎么说，从哪里说起。

孙波不是我在雪龙号上采访的第一个人，却是第一个采访我的人。

"很多记者都问我为什么来南极，我想问问你——为什么来南极？"

我竟一时语塞："雪龙号出发前夜，我写过一篇文章，或许能概括一二。"

孙波看过后说："你或许可以写出南极的味道来。"

"作为一个'老南极'，想象一幅你心目中的南极画面吧？"

"我觉得这个画面是照片无法呈现的，应该是一幅油画。一定是万年冰雪的白，然后天必须非常非常蓝，画面非常干净，甚至不需要有企鹅。"

"南极给我的感觉是'净'，干净的净，不是安静的静。就像一个人在甲板上，远离全人类，只有大海和星空。"

我也深有同感，回去以后见人，被问到同样问题，该怎么回答？

相对于上一辈信息闭塞的南极人来说，今天我们与社会的脱节程度应该低多了。今天的雪龙号上有了"海信通"（一种类似微信的即时通信工具，一般只能发送文字和较小的图片，信号不稳定），有了卫星电话，还有我们记者携带的 BGAN 卫星上网设备，重大新闻事件还是会及时得知，虽有滞后，已不是一个与世隔绝的状态了。

　　然而，奇怪的是，我与本雅明的感觉类似，今天从南极归来的人们，与上一代相比，"可言说的经验不是变得丰富了，而是变得贫乏了"。孙波就是一个绝好的例证。他绘声绘色讲述的南极故事，在今日的南极考察中，似乎变少了。

　　或许，南极考察的"英雄时代"已经结束，早已或者早该进入常态化的科学时代，没有了传奇，没有了惊奇四座的故事，甚至失去了讲故事的冲动。

　　但是，南极的经验不应该贬值，特别在"外部世界的图景和精神世界的图景"逐渐淡化的年代，切入肌肤、触及灵魂的一场远行，更弥足珍贵。正如我前几天刚向科考队提交的个人总结报告的最后一句话："南极的经历，必将成为我终生难忘的回忆和财富。"

　　冯友兰的《中国哲学简史》最后一句话颇有意味："人必须先说很多话，然后保持静默。"

　　若有人问："南极怎么样？"

　　真正的南极人会一时语塞，须先说很多话，然后归于静默。

2016 年 3 月 19 日 澳大利亚西南部海域

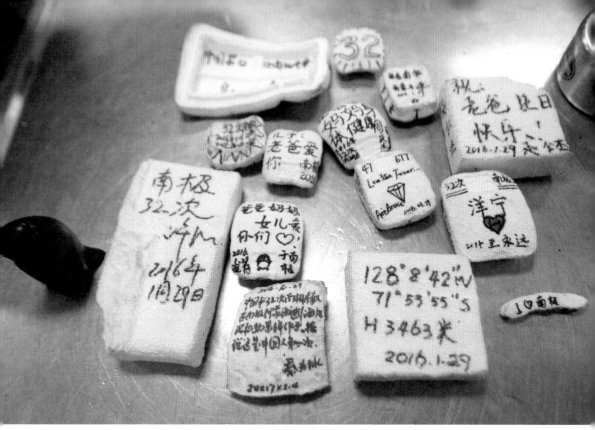

队员们把祝福的话语写在泡沫塑料板上，然后下放到 3000 多米深的阿蒙森海海底，经过几百个大气压强的挤压，泡沫塑料板体积急剧缩小，而成"坚硬如铁"的祝福

远行需"体力"更要"心力"

经过一个星期的靠港停泊，今夜雪龙号离开弗里曼特尔港，继续回国的航程。4 个月前的 11 月 22 日，雪龙号缓缓驶出这个美丽的西澳港口，向南极进发。今夜，在同样的地方，同样的暮色中，却是两种完全不同的心情。

想想当时的告别，前路是无尽的远方，告别人类社会，期待中带着些许无依无靠的担忧。如今，天空依然星辰明亮，甲板上还是海风拂荡，感觉就像做了一场无比纷华的梦，经历了太多震撼、惊喜、感动和起伏之后，你开始变得安静，然而也变得疲惫，心力交瘁。耳边不知为何，突然响起那首《故乡的云》的熟悉旋律。此刻，我们都是远游归家的游子。

有人问我，还想再去南极吗？——不想去了。这是实话，至少近期之内不会再有这种"心力"。进行一场直到世界尽头的远行，体力倒在其次，更重要的是需要长期积攒的"心力"，就像沉寂许久之后的冲动，羁绊许久之后的释放。有多久的等待，才能有多远的出发。是回家的时候了。

2016 年 3 月 28 日 澳大利亚弗里曼特尔港

冰原徒步，天光云影

在南极"**剃发**明志"或"**蓄须**明志"

今天吃午饭，发现同桌的央视记者武哥竟然把留了好几个月的胡子给刮了，很不适应，就像换了一个人。在南极科考队中，有不少通过头发和胡须来"明志"的人。有人剃了多年没剃过的寸头、光头，有人留起小辫"待到长发及腰"，也有人蓄须明志。

个中缘由，有图方便清爽的，例如内陆队出发前清一色地剃成光头，毕竟接下来的两个月不用洗头了；有"80后""90后"的青年留起胡须、长发，是为了纪念南极所经历的风雪考验，作为将来的人生纪念。

还记得刚到中山站的时候，第一眼见到中山站管理员、我的福建老乡陈松山时，也是眼前一亮。在南极待了一年多，陈松山一直没有理发，把长发扎了起来，直冲头顶，活脱脱一名气宇轩昂的"道士"，顿时成了大家"重点关注"的对象。当时，幽默的秦领队还为此赋诗一首：

> 今日回中山，
>
> 见了陈松山，
>
> 以为中山是终南，
>
> 心里好是酸。

此次出来，我也剪了16年以来的第一次寸头。犹记得上次剪寸头是小学五年级，当时我是学校鼓乐队的号手，要参加演出，老师不许留长发，我非常不情愿地剪掉长发。发型也好，胡须也罢，就像大多数人的人生轨迹一样，总是遵循某种社会性的力量。远行南极，给人短暂告别人类

中山站鹰嘴岩附近，专注采风

社会的机会，就成为不少人"叛逆任性"的好契机。

还记得大学时读《世说新语》，描写魏晋名士褒衣博带、袒胸露怀、放浪形骸，竹林七贤中的刘伶，喝醉了在屋里赤身裸体，别人看到后讥笑他，他却说："我以天地为栋宇，屋室为裈衣，诸君何为入我裈中！"其实，所谓"魏晋风流"，实际上是心有苦衷、不得已而为之的无奈。

与之不同，去南极，不是一种逃避，而是一种探险与远征。当然，人，毕竟是社会关系的总和。人，总要回归到社会之中。

2016 年 3 月 29 日 澳大利亚西部海域

五十万分之一，我们是如此幸运

天傍晚 5 点 30 分，雪龙号穿越赤道，再次回到了北半球。4 月 12 日就要下船了，只能在雪龙号上睡 9 个晚上了。

晚上聚餐，突然聊起一个话题。据统计，自中国开展南极考察以来，30多年时间里，随科考队前来南极的中国人只有4000多人次，除去部分多次来南极的科考队员，这个数字大概在2500左右。除以13亿的人口，大致相当于每52万人中只有一人来过南极，我们才知道自己是多么幸运。

大家还算了一笔账，通过商业方式前来南极一个地方旅游的报价是20多万。我们这次是环绕南极大陆，一船10站，绝对可以算得上"豪华版的深度体验"了。作为一个"昂贵"的经历来说，我们也是如此幸运。

又过赤道，云特别美，奇形怪状。完成任务，心情轻松，吃完晚饭，吹吹海风，晚上星辰点点，还可以看到远处的雷电，一片云过来就是一阵雨，来去都快。船只也多了。防海盗演习再次进行。

记得来的时候，感觉到赤道的时间还挺漫长，现在过了赤道，真的感觉回家的时刻要到了。真想再延长一段时间，珍惜最后在雪龙号上的日子。

我们从南极的寒冷到澳大利亚的深秋，到赤道的炎热，又回到上海的春凉，冬秋夏春，反着过了一年四季。

2016年4月3日 赤道 印度尼西亚望加锡海峡

长城站附近的落日余晖

海阔天空，万世同时

返程的日子，轻松，又心事重重，仿佛又成懵懂少年。

赤道附近海域由于水汽蒸腾作用强烈，云层浓密而且变幻很快，呈现出千奇百怪的姿态，赏心悦目。黄昏时候，最适合在甲板上，看看落日云霞，吹吹暖湿海风。

晚饭后，一个人到甲板上，搬一张躺椅，把椅背放得很低，听着耳边轻柔的海浪声，享受这难得的时光。

眼前的海面，平静而一望无垠，往船尾的方向望去，天际线之外，往南再往南，就是那块白色的大陆。

想想，一个月前我们离开的地方，现在已经相隔一万多公里。有点不相信，我们渺小的身体在这个圆形的星球上进行了如此大的位移。

海阔天空，天高地远，愈加对地球是圆的有了最切身的体会。此刻，南极不是在海平面延伸的方向，而是在海平面的下方。然而，地球并不是完全意义上的圆，而是两极略往下瘪、中间略鼓，目前所在的赤道则是球面离地心最远的地方。

脑海中闪过这样的画面，雪龙号如一只蚂蚁、一叶扁舟，从这个"大球"的底部爬了上来，到了"最高点"，然后又开始走"下坡路"，回到北半球。

雪龙号的轰鸣声仍在耳边持续，15节的速度，比之万里之遥，犹如龟速，然而不舍昼夜，终将抵达。

星空，永远是冥思的起点，今夜亦然。

月映冰川

　　天空从透亮，到逐渐昏暗，星星一颗两颗三颗，像撒在一块大幕布上的钻石，点点星光、满天星辰。想起了少年时代，也是这样清晰明亮的夜空，在乡下老屋的露台上，家人都进屋睡觉了，我一个人待在露台上，久久凝望着星空出神。后来上中学，初探物理学、天文学的奥妙，更加神游于宇宙的深邃和万千星光，璀璨星河。

　　仰望星空，我们看到了空间的深处，也看到了时间的过去。犹如此刻，不同的恒星闪烁，有明有暗，有远有近，它们射出的光同时到达此刻的我。不同发生时间的光线，来源于不同的空间，而同时存在于此刻。

　　我眼中所见的，是不同时间的空间，我同时所见的这颗恒星和那颗恒星，分别在不同的时空，这个时间完全超出了人的一生，以至人类存在的时间。它们或早已消亡，但它们放射出的光芒，依然在照耀着我们。

　　"今人不见古时月，今月曾经照古人。"

　　"异代不同时，问如此江山？"

　　在宇宙的时空维度里，可以万世同时。

2016 年 4 月 5 日 西里伯斯海

06　南极行思录

"这就是生活"

雪龙号一过赤道，感觉就跑得飞快。

有人开玩笑说，因为地球赤道离地心最远，海平面最高，所以从南极往赤道开是"上坡"，从赤道再往北，就是"下坡"，走得快。我就此专门向雪龙号大副求证。

大副表示："这个不可能。"

以我高中的地理学知识猜想，也许是洋流吧？又或许完全是心里的感觉？

总之，归心似箭，船犹如此，人何以堪！

昨天中午吃饭，刚进餐厅，墙上电视的画面从无止境的KTV，竟突然变成了熟悉的画面——中央四套，原来雪龙号已经到了浙江舟山东部海域。

古人说，近乡情更怯，但我现在的感觉是，回家的路让人有点猝不及防，说到就真的要到了。

碧蓝的海水，开始变得混浊起来，很快就到了长江口，码头近在咫尺，一排排高大的龙门吊清晰可见，锚地上停着大大小小的船只。

我到雪龙号的船头拍照，三副邢豪也在，这位船舶专家，指着不远处一艘COSCO（中国远洋运输有限公司）的大船，跟我兴致勃勃地介绍说这是中国最早一批十万吨级的大船。

这里又是黄浦江汇入长江的地方，两类水一混一清的分界线十分明显，手机突然被一堆短信持续轰炸，接上了祖国的信号，拿起手机给家人打电话，说到长江口了……不知为什么，此刻竟没有那种即将到家的兴奋，就像当年高考结束时感觉不是"解放"了，而是突然会有一种失落。一段人生故事到了要结束的时刻。

今晚最后一次聚餐，即所谓"锚地晚宴"，牛羊肉、大虾、三文鱼等一干硬货都上齐了，还有黄酒、白酒也摆上了桌。

开餐之前，有两项议程。

首先举行中国第 32 次南极科考队摄影大赛颁奖仪式，党办主任李保华宣读获奖名单，一等奖 1 名，二等奖 2 名，三等奖 3 名。作为随队记者，也是评委会成员，我们没有参赛。

一等奖作品是格罗夫山队刘红兵的作品《苍穹之下》。

这幅作品拍的是在南极内陆的日晕之下，3 名科考队员站在一处山丘之上进行野外作业，雪野苍茫，天空静穆，有如神祇般的日晕之下，人

格罗夫山队刘红兵的作品《苍穹之下》

立于天地之间，似乎离天如此之近。

　　一看到这张照片，评委会所有成员都被征服，确实有一股力量。这种力量，一方面来自南极的神秘，另一方面来自人的探索精神。

　　二等奖作品之一，大洋队周庆杰的《行走》也是同样的感觉，拍的是两名队员行走在普里兹湾的冰面上，同时一只南极雄鹰高高翱翔在上空，画面也十分有张力。

　　三等奖中的一张代表作是长城站徐刚的《离别》，拍的是1月10日，雪龙号在淡淡的夜幕中离开长城站，长城站的队员们站在岸边，打开手

大洋队周庆杰的作品《行走》

长城站徐刚的作品《离别》

机的闪光灯，挥手告别，有一股温暖的力量。

颁完奖，还有一个议程是为队员祝贺生日。

今天刚好是雪龙号二管轮李文明的生日，他也是本次队最后一名在雪龙号过生日的队员，领队秦为稼代表科考队为其赠送了生日贺卡和礼物。这是科考队历年来坚持的好传统，每天晚餐，只要有人过生日，这个环节都得进行。可惜我的生日不在此次科考时间范围内。

两项议程结束，大家本以为可以放开吃喝了。没想到，秦领队又拿起话筒说，要念一名队员给他发来的微信。这名队员与我们一起同船共渡，参加了前半阶段科考，从智利蓬塔回国。秦领队打开手机，开始念道：

为稼领队：你好！

　　曾经答应参加 32 次队的锚地晚宴，并迎接你们凯旋，现只能说抱歉了。

　　16 年，对我来说开年不顺。去年 12 月 28 日，老爹住院，3 月 28 日去世。3 月 30 日上午办完丧事，下午我住院，4 月 1 号切除胰腺瘤。现仍在医院，估计星期一可能出院……

　　秦领队念到这，平时铮铮铁骨、幽默十足的他，语气中也似乎哽咽了。他左手拿着手机，停了一会儿，本来是平视手机，现在又握着手机举到头顶斜上方。我知道，他在平复情绪：

　　在回你上次的微信时，我还在梦想早些出院，赶去上海与队友见面，现已不可能了，只能说对不起。希望领队在锚地晚宴上代我敬各位队友一杯酒。谢谢！

　　餐厅陷入了沉默。

　　"这就是生活，祝大家生活幸福。"老秦颤抖的话音中，透出一丝坚毅……

　　这就是生活的滋味。天下固然没有不散之筵席，人生须有直到世界尽头的勇气。

2016 年 4 月 10 日 长江口

躺在冰面上，身下是几十厘米厚的雪，然后是一米多厚的冰，然后是一千多米深的海。在世界的尽头，天空压得很低，太阳24小时在地平线上徘徊，射出亘古的光芒

走到了世界的尽头

雪龙号上的最后一夜，注定是个不眠之夜。

走下悬梯，踩一脚久违的土地，冰雪大陆的刺骨寒风已经远去，此刻，是祖国的料峭春寒。"再见祖国，再见亲人，明年再见！"站在船舷边，去年挥手一别、远赴南天的场景，依稀在目。

158 天前的夜晚，当我坐在同样的地方，从写下此行的第一行文字开始，我的身体和灵魂，开始了人生中最漫长的一段旅程。今夜，还是这万里长江的入海口，还是这雪龙号上的 527 房间，还是这熟悉的灯光和桌面，我却像经历了一场无比纷华的梦，恍如隔世。

古人说，读万卷书，行万里路。不到半年时间，我乘着这条"钢铁巨龙"，一路向南，环绕南极大陆一圈，穿过了地球上所有的纬度，航程 30387

海里，行过了十万里的长路。

有人说，人的一生总要来一场触及灵魂的远行。158 个日日夜夜，我从身体到灵魂，都经过了一场彻底的洗礼。然而，如今从世界尽头回来，我的心情却失去了出发时那般澎湃。经历了太多震撼、惊喜和感动、感叹，耗尽一段积攒许久的"心力"，反而变得安静、沉默。

说实话，从南极归来，最怕别人问"南极怎么样?"这个问题需要多么郑重的回答。5 个多月时间过去了，除了发表的、未发表的，十几万字的书写，看见的、看不见的，3 万多个相机快门的瞬间，我还有什么可供言说的"体会"呢?

雪龙号靠港前的全体队员大会上，举行了一场特殊的仪式——"中国南极大学毕业典礼"。"南极大学"是雪龙号上的最高学术讲台，来自不同专业背景的队员相互授课、讨论，共同学习。航程结束了，我们顺利完成学业，领到了"毕业证书"。其实，对我们而言，"南极大学"的课堂早已超乎了雪龙号，而在那滔天巨浪、冰封雪裹、极地长空……

感谢这个职业，感恩这次机会，让我成为中国第 32 次南极科考队的一员，作为记录者，也作为参与者，走进了"南极圈"，走到了世界的尽头。领略"极致"的风景，感受"极地"的精神。

走到了世界的尽头，这些画面永远刻在了我的记忆中。那如梦幻般起伏的浮冰涌浪，那似乎凝滞时空的万年蓝冰，那自由自在的极地生灵，那永不落山的太阳肆意放射着的亘古光芒，那被剥蚀得千疮百孔的枯槁石头，那吹醒你每一根神经的风，那单纯到极致、令人感动的冰雪……它就在那里，像神话中的天堂。

走到了世界的尽头，这些人让我明白了一些道理：那些须发斑白，或再度请缨，或依旧坚守的"老南极"；那些或激情四射，或谦和近人，或单纯执拗，或天真可爱的教授、研究员、大学生；那些不同专业背景、同样年轻的"80 后"甚至"90 后"；还有那些勤奋辛劳、默默无闻的机械师、厨师、木工、水暖工、电工……在远离家国的严酷环境中，他们身上所迸发出的闪光，让我明白，这个民族在郑和下西洋的几百年之后，为什么还要继续进行那场 32 年前的远征，让长城向南延伸。

走到了世界尽头，不仅是穿越南纬 66 度 34 分，这样一个简单的作为数字符号的纬度。走过了世界最远的地方，才更明白，人不能在流浪的心境中度过一生；走到了地球之"极"，更体会到，无论何时，都要存有探索人生之"极"的一种渴望、一种希望，突破现实的牢笼，进行内心的突围，开启精神的远征。

2016 年 4 月 11 日 雪龙号

跋涉于南极罗斯海的罗斯岛上

后记·生也无涯

一晃从南极回来已经6年了。很长时间，对这段记忆，我往往不愿去触碰，就像家里珍藏的宝贝，不会时时拿出来把玩。知道它在那，就好。知道它在那，和自己的生命发生着化学反应，酝酿出别样的回味来。

这6年，经过人世间的种种遭际、职业生涯的艰辛磨炼，我也迈过而立之年，向着不惑之年行进。尤其是这3年，遇上百年不遇的世纪疫情，"世界之变、时代之变、历史之变"在眼前如此真实而具体地展开，让我们对习以为常的生活方式、生存方式，对人与人、人与自然的内在关系，有了新的思考。

经过这6年的沉淀，再来反观，透过这段南极之行，到底看见了什么？体悟到了什么？

于地老天荒，始见宇宙浩瀚。

如果这辈子不上太空的话，能走得最远的地方应该就是南极了吧。南极的体验有点"类太空"的感觉。到南极，意味着告别人类社会，进入"遗世独立"的时空，人一下子被置于宇宙之下、天地之间，那些抽象的、哲学层面的东西，就会突兀地横亘在眼前。

比如，永不落山或永不升起的太阳，要等好几个月才能降临的下一次夜幕或日出，亿万年时间累积的冰原，纯粹的、浩瀚的雪白，自由自在的南极生灵，超出个体想象的巨型冰山，绝无人息的宁静空气，绚烂壮美的南大洋落日，星空斗转苍穹，极光舞动夜空……地球底部的这些景象，构成对既有"人类经验"的强烈冲击和巨大挑战，从而引发人不可抑制的玄想和沉思。

极者，极致也。

人类到此，震撼于它绝世的美，感受到一种广大而深刻的真实，思考着时空的无穷性和存在的相对性，充满着陌生感、庄严感、敬畏感以至孤寂感。

它破除了我们不自觉的"人类中心主义"，让我们知道这个星球，不仅是人类的星球，还是自然的星球，宇宙的星球。

于世界尽头，领略英雄之气。

在前往南极的行进式报道中，我开设了一个名为"直到世界尽头"的新媒体专栏，随着雪龙号航行，边走边更新。当时向国内传输数据是通过自己携带的一台海事卫星设备，到达高纬度时，尤其在风浪比较大的海域，经常找不到或对不准卫星信号，有时传输速率每秒仅为几KB（千字节），并时不时中断。作为一名参加工作不久的年轻记者，当时的我却不厌其烦、不怕其难，以强烈的热情和冲动，发回了近10万字的专栏报道，包括大量珍贵照片和一些视频，向国人讲述着地球另一端发生的英雄故事。

前往南极，意味着向人类世界尽头远征的探险。即便现在，谁也无法保证乘船穿越西风带时的绝对安全、在茫茫冰原行进时不会掉入冰缝，还有遭遇极低温、白化天、暴风雪的危险。在我们那次考察期间，离中山站不远的澳大利亚戴维斯站的一名飞行员，因勘察地形时掉进了冰缝而不幸遇难。我们离开中山站前几天，在站前的码头与一场翻江倒海的大冰崩擦肩而过，那一惊险的瞬间距离我们仅仅几个小时……

极地圈里，有句话说"在南极只能靠天吃饭"，还有句话说"你在这里的每一步，都可能是人类的第一步，也可能是你的最后一步"。这是对自然的敬畏，在极地，更须怀着这种敬畏去探索自然。

极者，极限也。

然而，向着极限出发，即使冒着风险，却往往抑制不住人类超越和

后记　生也无涯

突破自己，向着未知疆域开拓的冲动、决心、勇气和意志。

在南极，人类探索极限的历史，就这么鲜活地摆在你面前。依然清晰记得：南极半岛长城湾边，中国人"首闯南天"时留下的那个已锈迹斑斑的船锚；麦哲伦海峡之畔，"南极之门"的风和"南方之南"的传说；在罗斯海的埃里伯斯火山下，那座屹立百年而不倒的"坚忍"小屋……我们登临至此，依然可以感受到天地间的英雄之气，在驰骋纵横。

在极地的环境中，很容易激起人的英雄主义情结和理想主义激情。只有内心燃烧着火焰，才有勇气去往这块冰封的大陆；而这块冰封寒彻的大陆，又点燃了多少人心中的火焰。

于广漠冰原，感知人性温暖。

我珍藏着当年科考队发放给我们的队服：绣着鲜艳国旗的冲锋衣，标明"CHINARE"（中国极地考察的英文缩写）的运动裤。这些鲜明的符号时刻提醒着我们，这不是一次个人的旅行，这是一次以国家名义进行的考察。

雪龙号，就像一个微缩的社会，不啻于一艘诺亚方舟：从领队、船长、水手、轮机员，到研究冰川学、海洋学、地质学、高空物理学、宇宙学、生物学等各领域的教授、研究员、大学生，还有飞行员、机械师、厨师、医生、工人，包括我这样随行报道的记者……不同的身份职业，不同的角色分工，却担当着相同的使命，尤其在南极严酷多变的环境中，必须团结一心、精诚合作。

远离家国、战风斗浪、爬冰卧雪，每个人，都展现出人性中最朴素本真的一面。在卸货作业时，为了赶时间窗口，无论是领队、教授，还是医生、记者，大家都自觉轮番齐上阵，都明白自己的第一身份首先是国家南极科考队的队员。

每个人，都能感受到参与到一项意义非凡的事业中的自豪感和使命感。当义勇军进行曲响彻冰原上空、东方的勇士在五星红旗下集结，当我国第一架极地固定翼飞机飞跃冰盖之巅，当雪龙号创纪录航行至地球最南海域，当我们用脚步丈量着中国第五个南极科考站的地基……我们都有一种共同的感觉，即我们的工作，我们的每一次尝试和突破，都将写在中国极地考察史上。

与此同时，这块纯洁而广袤的冰冷大陆上，容不得人类世界的偏见和隔阂，任何一个人、一支科考队、一个科考站都不可能独善其身，孤独中往往需要相互温暖，遇到危险时更须雪中送炭，当一个国家的科考队员遇到困难或危险，大家都能从"人之为人"的最基本立场出发伸出援手。这些都深刻诠释了人类命运与共的本质内涵。

正如我们此次科考队领队秦为稼在科考队纪念相册中所言："南方之南，人类思想的无限与地球自然的极限在此交相辉映，每位队员心中都涌动着人类先驱探索南极的百年情怀，每个队员心中也同时涌动着复兴先贤与天不老与国无疆的信念！"

于无限时空，叩问生命意义。

有人说，去过南极的人回来后多少有点"怪"，有人很长时间都无法从南极的经历中走出来，一些人甚至会刻意跟世俗社会拉开一定距离。这几年，身边也时常有人问我这个问题，我也在不断思考这个问题。

的确，在南极，置身浩瀚的苍穹下，更知人类的渺小；在严酷的自然前，更知生命的脆弱；在亘古的冰原上，更知人生的短暂。由此，让人不禁去触碰这样的命题：人在宇宙间存在的本质，人在自然间存在的

后记　生也无涯

目的，人在人世间存在的价值。

去南极时我带了一本茨威格的《人类群星闪耀时》，写道南极探险的悲剧英雄斯科特临终时，在日记本里这样和妻子说："关于这次远征的一切，我能告诉你什么呢？它比舒舒服服地坐在家里不知要好多少！"

在前往南极途中，我采访了一位年过花甲、7次前往南极的老机械师李金雁，问他为什么一次次去南极？他说了一句话，让我印象深刻："等你老的时候，对子孙有可讲的故事，这辈子就没白活。"

在中山站期间，我了解到30多年前，随科考队到南极拍摄纪实电视剧《长城向南延伸》的表演艺术家金乃千，因劳累过度在回国途中不幸病逝的事迹。临行南极前，他这样说服家人："人一辈子不能安于平淡恬适的生活。人生能有几回搏，拼它一次没白活。"

英雄所见略同——"没白活"。这个回答，既简单，又深刻。

"知天地之为稊米也，知毫末之为丘山也。"天地有大美而不言，人生有不期之所遇，何必因有涯叹无涯，何必因须臾忘古今？撑人字天地间，赋时光以生命，则跬步江山即寥廓，沧海一粟也永恒。

2022年5月28日于宣西大院9号楼